/ 湖泊学研究系列丛书 /

鄱阳湖区
生态空间格局演变图集

蔡永久　王晓龙
龚志军　温玉玲　著

南京大学出版社

图书在版编目（C I P）数据

鄱阳湖区生态空间格局演变图集 / 蔡永久等著 . --
南京 : 南京大学出版社 , 2022.2
ISBN 978-7-305-24890-0

Ⅰ . ①鄱… Ⅱ . ①蔡… Ⅲ . ①鄱阳湖—生态环境—演
变—图集 Ⅳ . ① X321.256-64

中国版本图书馆 CIP 数据核字（2021）第 163964 号

出版发行　南京大学出版社
社　　址　南京市汉口路 22 号　　　　邮　编 210093
出 版 人　金鑫荣

书　　名　鄱阳湖区生态空间格局演变图集
著　　者　蔡永久 等
责任编辑　田　甜　　　　　　编辑热线　025-83593947

照　　排　南京新华丰制版有限公司
印　　刷　南京凯德印刷有限公司
开　　本　787 x 1092　1/16　印张 9.5　字数 133 千
版　　次　2022 年 2 月第 1 版　印　次　2022 年 2 月第 1 次印刷
ISBN　978-7-305-24890-0
定　　价　68.00 元

网址：http：//www.njupco.com
官方微博：http：//weibo.com/njupco
微信服务号：njuyuexue
销售咨询热线：（025）83594756

前言

鄱阳湖作为我国第一大淡水湖，是我国首批列入《国际重要湿地名录》的湿地之一，也是全球湿地生物多样性的热点区域。鄱阳湖年内水位变幅巨大，形成汛期“洪水茫茫一片水连天”，枯期“湖水沉沉一线滩无边”的独特湿地生态景观。适宜的气候、独特的水文情势与地形地貌构建了湖区多类型复合湿地生态系统，为鸟类、湿生植物、水生植物、鱼类、底栖动物等提供了优裕的栖息条件，成为我国乃至全球重要的物种基因库。然而，近年来受流域人类活动和气候变化的双重影响，鄱阳湖面临水面面积萎缩、水环境质量下降、湿地生态系统功能退化等诸多问题，对区域生态安全和可持续发展形成潜在威胁。

鄱阳湖湖体和环湖陆域（鄱阳湖区）是鄱阳湖流域水生态保护的重点区域和敏感区。鄱阳湖区总面积为 2.02×10^4 km^2，占江西省总面积的 12.1%。2018 年年末，该区总人口为 1 020 万人，占全省总人口的 21.9%，区域 GDP 为 7 119.3 亿元，占全省 GDP 总值的 32.4%，在江西省社会经济发展中起着举足轻重的作用。近几十年来，鄱阳湖区社会经济快速发展，城镇化趋势迅猛，环湖区域土地利用方式和结构转变巨大。

鄱阳湖区高质量发展直接关系到鄱阳湖湿地生态系统健康与生态安全。国务院于

2009 年 12 月 12 日正式批复《鄱阳湖生态经济区规划》，标志着建设鄱阳湖生态经济区正式上升为国家战略，其定位是建设全国大湖流域综合开发示范区、建设长江中下游水生态安全保障区，要求规划实施要以促进生态和经济协调发展为主线，努力把鄱阳湖地区建设成为全国乃至世界生态文明与经济社会发展协调统一、人与自然和谐相处、经济发达的世界级生态经济示范区。本图集以鄱阳湖环湖区为重点研究对象，基于长时间序列遥感影像解译与历史资料，解析鄱阳湖环湖区土地利用、滨岸带缓冲区、环湖区围垦水体格局、五河尾闾区、长江—鄱阳湖交汇区以及鄱阳湖采砂区等重要生态敏感区的演变格局，形成系统图件，以期为科研工作者和管理部门提供基础参考资料。

本图集共分为七章，第一章由蔡永久、王晓龙、龚志军撰写，第二章、第三章由蔡永久、王晓龙、温玉玲撰写，第四章由龚志军、温玉玲撰写，第五章由王晓龙、龚志军撰写，第六章由王晓龙、郑利林撰写，第七章由蔡永久、钟威撰写。全书由蔡永久、王晓龙统稿。

本书的出版得到中国科学院战略性先导科技专项课题“长江经济带干流典型湖泊水生态修复与综合调控”（XDA23040200）、国家自然科学基金面上项目（41971147、32071572）、中国科学院青年创新促进会项目（2020316）等研究项目的支持。

鄱阳湖区地貌类型多样，生态系统脆弱，人为活动干扰强烈，环湖区生态空间演变及影响因素极为复杂，加之条件限制和作者水平有限，书中不妥之处恳请读者批评指正。

著者

2021 年 9 月

目录

图目录

第一章 绪论

图片摄影：奚和平

鄱阳湖是我国最大的淡水湖泊湿地，也是我国首批被列入《国际重要湿地名录》的7个自然保护区之一，被世界自然基金会（World Wildlife Fund，WWF）划分为全球重要生态区之一，素有“珍稀王国”“候鸟天堂”之美誉。鄱阳湖是一个典型过水性吞吐湖泊，季节性水位波动极大。季节性水位涨落以及发育广袤的洲滩湿地构成鄱阳湖丰水期“洪水茫茫一片”、枯水期“湖水沉沉一线”的独特湿地生态景观。鄱阳湖湿地景观资源种类丰富，具有重要的经济价值和生态价值，为流域提供了大量食物资源、原材料、水资源、旅游资源等，是江西省经济最为活跃的地区之一；同时也具有调节气候、涵养水源、调蓄洪水等巨大的生态功能。

随着社会经济的发展与科技的进步，人类活动对自然环境的影响和作用程度在不断地加深，引起了一系列生态环境问题。本书重点关注鄱阳湖生态敏感区和人类活动强干扰区。其中，鄱阳湖生态敏感区是指长江和鄱阳湖交汇处、五河尾闾区、滨岸缓冲带等；人类活动强干扰区是指环湖围垦水体和采砂区。鄱阳湖汇集赣江、抚河、信江、饶河、修河五大水系（以下简称“五河”）的来水，在湖口附近注入长江。由于五河尾闾区域河道水流流速小且分散，泥沙容易淤积，形成了大规模的河口三角洲滩地，加上筑堤、河道采砂等人工影响，五河尾闾区景观变化较大。长江和鄱阳湖交汇处作为长江流域河湖系统的关键空间节点，近年来逐渐受到关注。长江和鄱阳湖交汇处由于地理位置的特殊性，更容易受到水沙变化的影响，土壤、水和植被等关键生态要素相比主湖区对环境变化的响应更为敏感。此外，江湖交汇处的洲滩变迁也可能会引起鄱阳湖主湖水位的异常变化。根据历史记载，明清时期，横亘于江湖交汇处的梅家洲向东扩张，阻拦了鄱阳湖出水。受到了梅家洲的阻拦，鄱阳湖水位被迫抬高，导致湖区面积快速扩张，引发了重大洪水灾害。因此，加强对江湖交汇处的动态监测对流域治理保护有重要的作用。鄱阳湖湖滨带则是构成鄱阳湖湿地生态系统的重要空间单元，不仅具有水质净化、污染物消纳等功能，同时也是鱼类、底栖动物、候鸟以及其他野生生物生存与繁殖的重要场所。

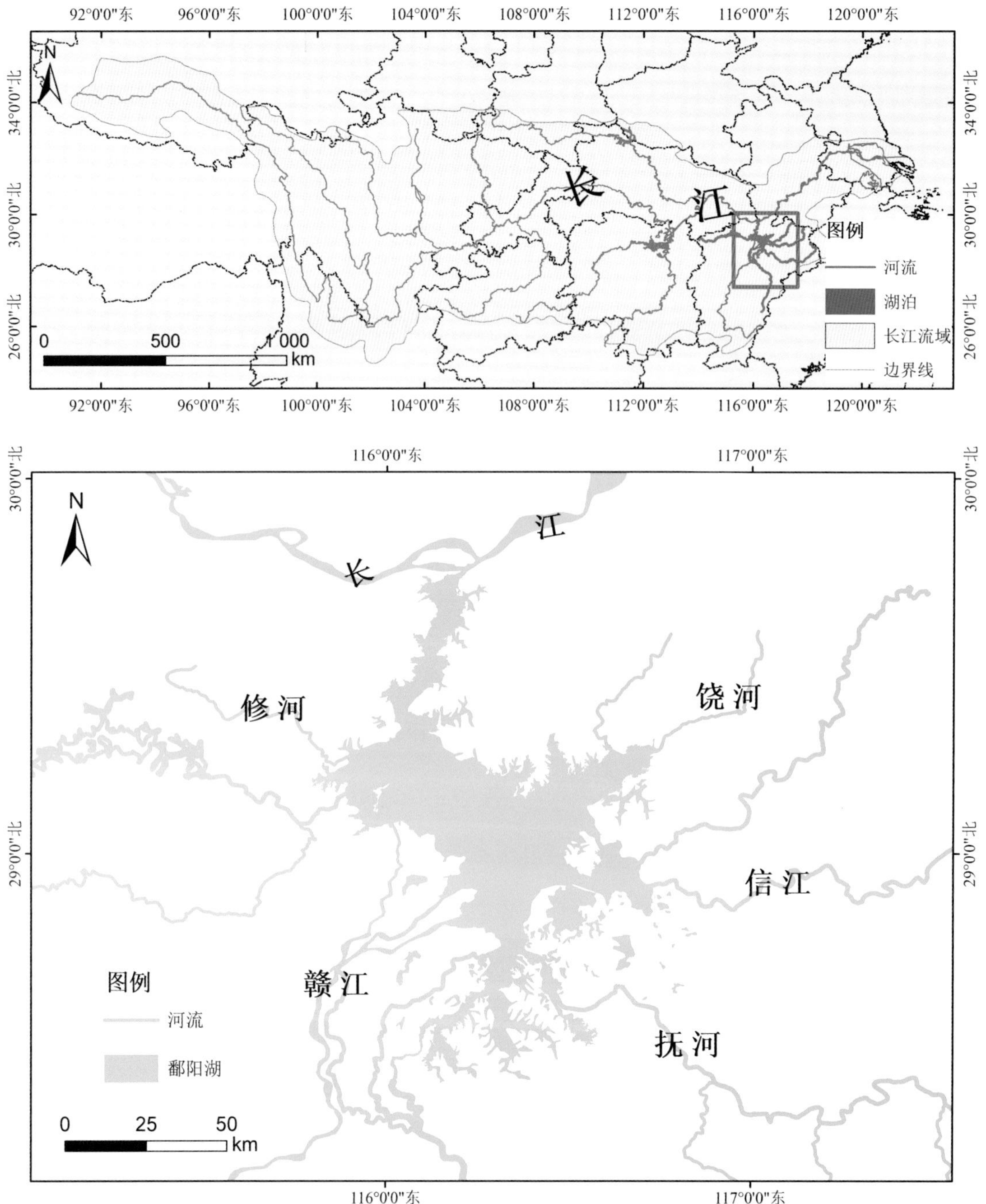

图 1.1　鄱阳湖在长江流域中的位置

近几十年来，由于气候变化和人类活动的影响，鄱阳湖水情变化加剧，连续出现枯水期提前、枯水期延长、水位超低等极端水情事件；同时，随着湖周城镇化的发展，区域土地利用方式和结构转变巨大，城镇用地扩张，土地资源缩减。湖区采砂、过度捕捞、围垦养殖、工业和农业废水污染等人为活动导致鄱阳湖水环境和水生态也有所退化。这些变化在不同时空维度显著影响了鄱阳湖重要生态敏感区景观格局与生态功能。长期以来，围垦是鄱阳湖区地方政府增加土地资源的重要手段。据史料记载，鄱阳湖围垦从宋代才逐渐兴起，及至明清时代，湖区筑堤建圩活动迅速扩张。围垦不仅改变了滨湖区土地利用方式，直接改变了滩涂草洲的功能，更重要的是改变了湖盆的形态，天然的湖岸由于修建圩堤、岸线而被“裁弯取直”，湖盆的天然容积被人为缩小，从而影响了湖区的水文情势，以及湖区泥沙淤积速率和程度。为抵御洪涝等自然灾害，所修建圩堤的防洪标准也越来越高。此外，鄱阳湖经长期淤积，湖砂资源丰富，多年平均淤积沙量 946.7 万 t，丰富的湖砂资源，为周边地区的经济建设发挥了积极作用。近年来国内的建筑行业需要大量的砂石，砂石采挖行业在长江流域兴起。尤其是自 2001 年长江中下游干流河道实行全面禁采以来，大量采砂船涌入鄱阳湖，对当地的环境造成了十分不利的影响。基于此，本书以鄱阳湖江湖交汇处、五河尾闾区、湖滨带等生态敏感区，以及围垦水体和采砂区等人类活动强干扰区为研究区域，基于长时间序列遥感影像、野外调查数据和文献资料，定量识别了鄱阳湖区敏感生态空间景观格局长期演变，以期为认识鄱阳湖演变过程和成因提供基础资料，为保障鄱阳湖湿地生态系统可持续发展提供科学支撑。

面向鄱阳湖湖泊湿地生态系统保护的需求，综合考虑水系和行政区域的完整性，本图集将鄱阳湖区界定为鄱阳湖湖体和环湖行政区县。鄱阳湖区位于江西省北部，长江中下游南岸，包括南昌市的东湖区、西湖区、青山湖区、青云谱区、湾里区、南昌县、新建区和进贤县，九江市的永修县、德安县、共青城市、庐山市、濂溪区、浔阳区、湖口县和都昌县，上饶市的鄱阳县和余干县，共计 18 个区县（图 1.2），总面积为 2.02×10^{6} hm^{2}，占江西省总面积的 12.1%。

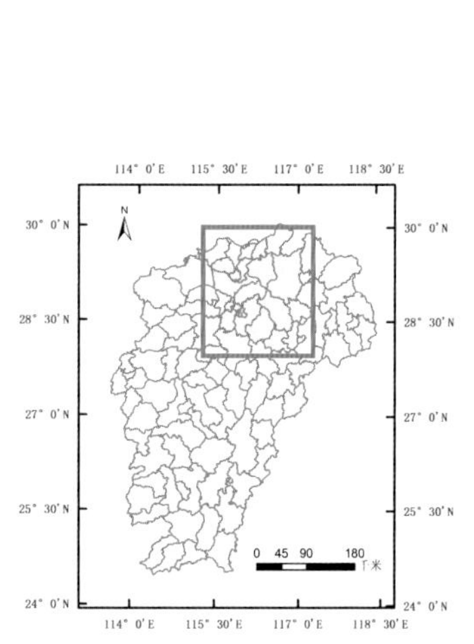

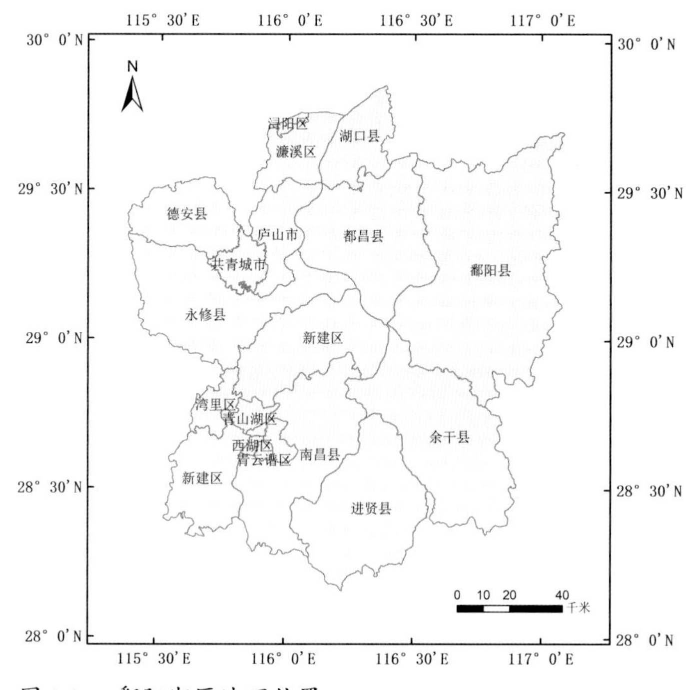

图 1.2　鄱阳湖区地理位置

鄱阳湖区位于江西省北部，长江南岸，地理位置在北纬 28° 10′ ~ 29° 41′ ，东经 115° 31′ ~ 117° 4′ 。近年来，鄱阳湖区人口和经济总量一直呈稳步增长态势，至 2018 年年末，鄱阳湖区总人口为 1 020 万人，占全省总人口的 21.9%，区域 GDP 总值为 7 119.3 亿元，占全省 GDP 总值的 32.4%。

2018 年全年 GDP 总量最高的区县为南昌县，其次为青山湖区，二者的 GDP 总量分别为 1 476.1 亿元和 1 053.6 亿元，占整个鄱阳湖区 GDP 的 21.0% 和 15.0%；GDP 总量最低的地区为湾里区，次低为德安县，GDP 总量分别为 67.0 亿元和 127.6 亿元，占整个鄱阳湖区 GDP 的 1.0% 和 2.0%（图 1.3 和图 1.4）。2018 年，环湖区县总人口数最多的地区为鄱阳县，达 158.4 万人，占鄱阳湖区总人口数的 16%；其次为南昌县和余干县，二者的总人口数分别为 134.6 万人和 109.0 万人，占比分别为 13% 和 11%；人口较少的地区为湾里区和共青城市，分别为 8.1 万人和 13.2 万人（图

1.5 和图 1.6）。各区县人均 GDP 数据统计结果表明，人均 GDP 值最高的为青山湖区，为 17.9 万元；浔阳区、青云谱区、东湖区、西湖区、濂溪区、南昌县的人均 GDP 依次递减，但其人均 GDP 值均在 10 万元以上；人均 GDP 最低的为鄱阳县和余干县，均为 1.4 万元左右（图 1.7）。

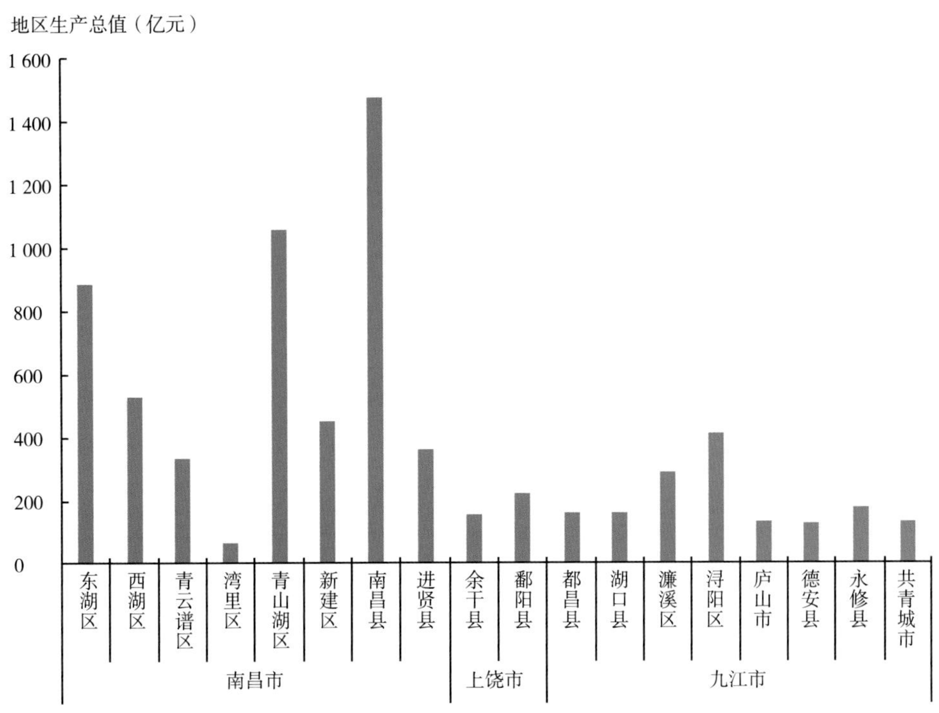

图 1.3　2018 年鄱阳湖区各区县国内生产总值

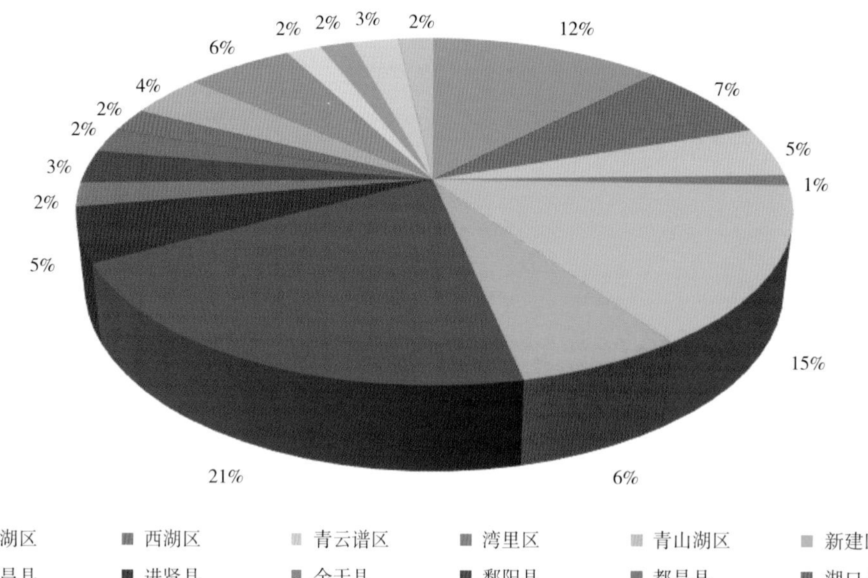

图 1.4 2018 年鄱阳湖区各区县生产总值占比

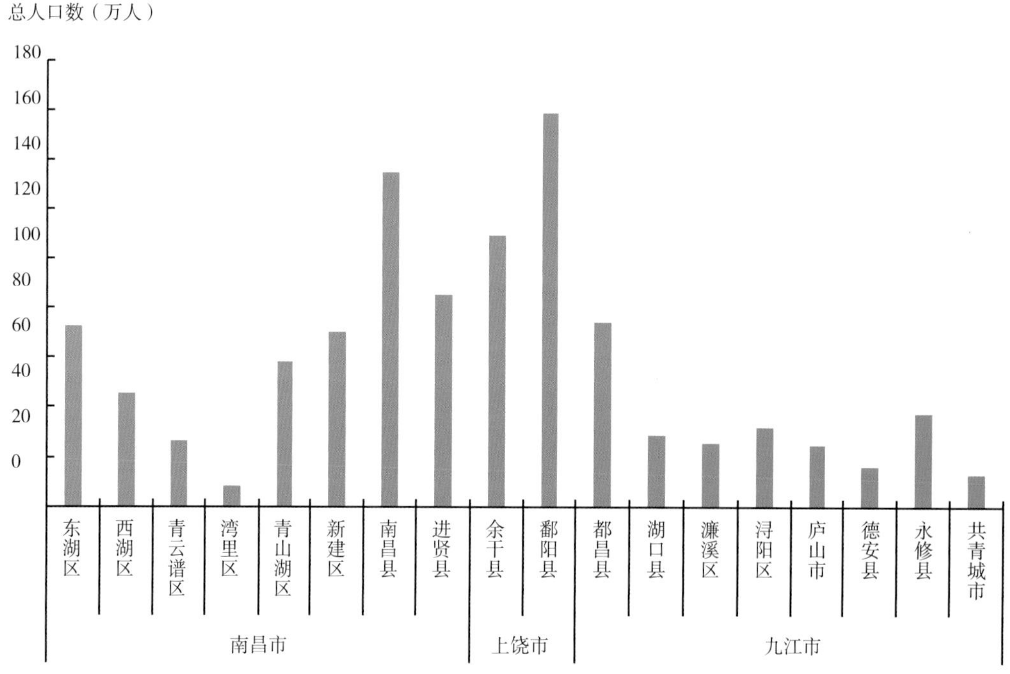

图 1.5 2018 年鄱阳湖区各区县总人口数

1%
7%
4%
3%
1%
6%
7%
13%
8%
11%
16%
7%
3%
3%
3%
2%
2%
4%
东湖区
西湖区
青云谱区
湾里区
青山湖区
新建区
南昌县
进贤县
余干县
鄱阳县
都昌县
湖口县
濂溪区
浔阳区
庐山市
德安县
永修县
共青城市

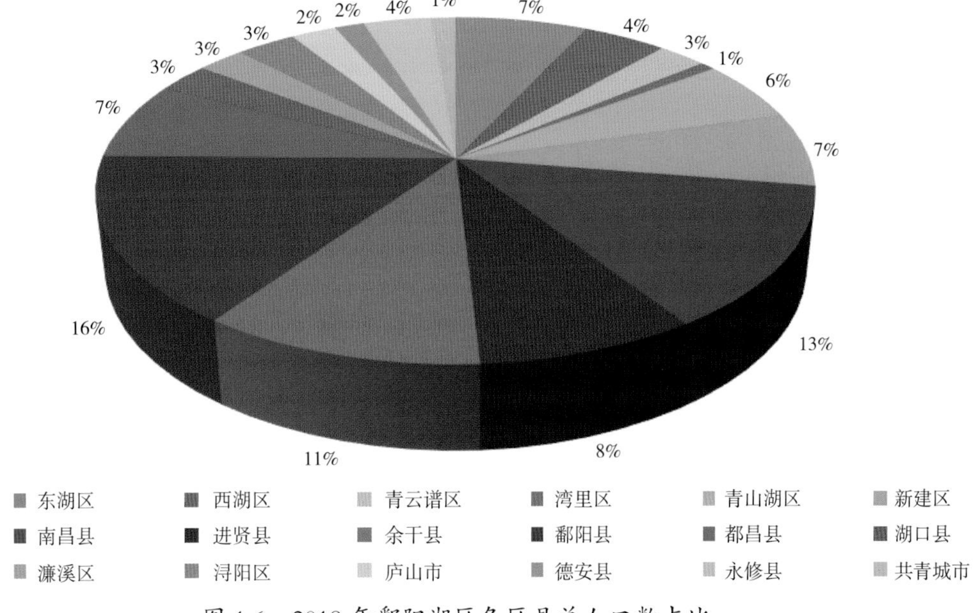

图 1.6　2018 年鄱阳湖区各区县总人口数占比

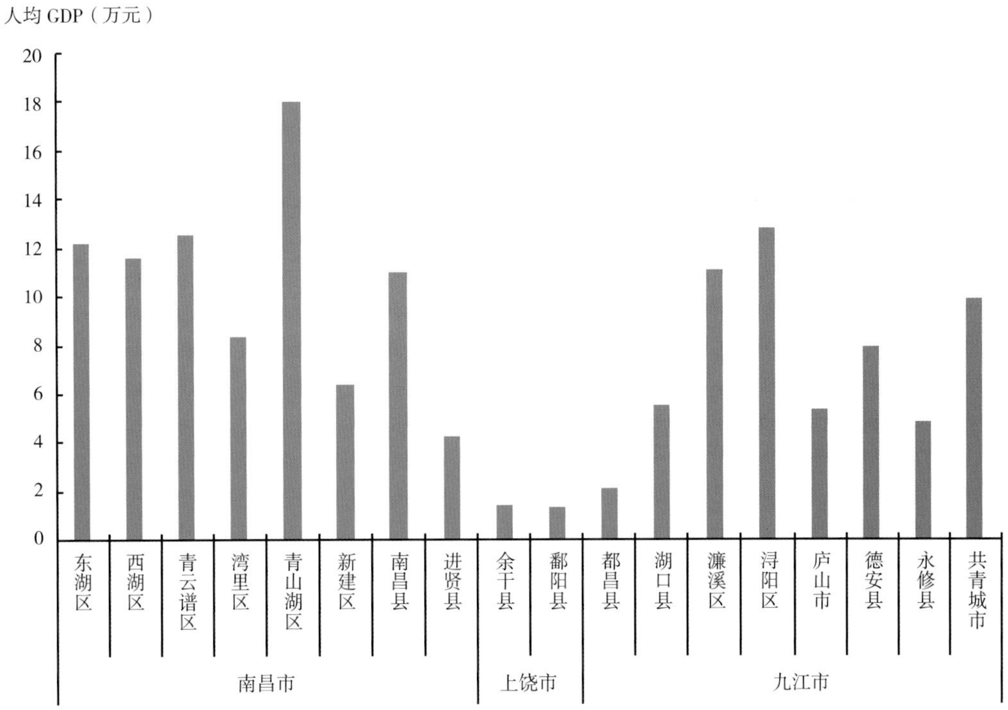

人均 GDP（万元）
20
18
16
14
12
10
8
6
4
2
0
东湖区
西湖区
青云谱区
湾里区
青山湖区
新建区
南昌县
进贤县
余干县
鄱阳县
都昌县
湖口县
濂溪区
浔阳区
庐山市
德安县
永修县
共青城市
南昌市
上饶市
九江市

图 1.7　2018 年鄱阳湖区各区县人均 GDP

第二章 鄱阳湖区土地利用演变

以鄱阳湖区 18 个区县为研究对象，基于 Landsat TM 和 OLI 遥感影像，分析鄱阳湖区土地利用演变特征。本章所有影像数据均来源于地理空间数据云（http://www.gscloud.cn/）和美国地质调查局官网（http://www.usgs.gov/），空间分辨率为 30 m。下载的影像数据分别为 1988 年、1993 年、1999 年、2004 年、2009 年、2014 年、2018 年枯水期（10—12 月），影像质量较优，云覆盖量均小于 5%。首先对遥感影像进行预处理，经系统辐射校正和几何校正、裁剪等数据预处理操作，得到初步数据。采用支持向量机法 (SVM) 对预处理后的影像进行监督分类，并对分类结果进行精度评价，结果显示，7 个年份数据的分类精度较高，均在 92% 以上。参考国家标准《土地利用现状分类》（GB/T 21010—2017），并综合考虑 Landsat 影像分辨率特点和分类可操作性，研究区所有地物被划分为林地、草地、耕地、水域、建设用地、未利用地共计 6 种一级土地利用类型，共得到 7 期土地利用数据。

第一节 1988—2018 年鄱阳湖区土地利用总体变化

1988 年、1993 年、1999 年、2004 年、2009 年、2014 年和 2018 年枯水期鄱阳湖湖区土地利用情况如图 2.1 至图 2.16 所示。1988 年，湖区耕地面积占比最大，草地次之，分别为 33% 和 28%；水域和林地面积占比分别为 19% 和 15%；建设用地和未利用地面积较小，其中未利用地面积占比为 4%，建设用地占比仅为 1%。1993 年，湖区耕地面积最大，占比高达 48%；其次为林地和水域，分别为 18% 和 17%；草地面积次于水域，为 13%；建设用地和未利用地面积较小，分别为 1% 和 3%。1999 年湖区草地面积占比最大，为 31%；耕地和水域次之，分别为 24% 和 23%；林地次于水域，为 18%；建设用地和未利用地面积占比均为 2%。2004 年，湖区耕地和林地面积最大，二者之和占总面积的 71%；水域和草地面积次之，分别为 13% 和 10%；建设用地和未利用地面积较小，占比分别为 4% 和 2%。2009 年，湖区依旧是耕地和林地面积最大，二者之和占总面积的 72%，其中耕地为 44%，林地为 28%；水域面积较小，为 9%；草地、建设用地和未利用地面积占比相近，分别为 7%、6% 和 6%。2014 年，湖区耕地面积最大，其次为林地，面积占比分别为 37% 和 26%；水域次于林地，为 19%；建设用地和未利用地面积占比均为 7%；草地面积最小，占比 4%。2018 年，湖区耕地和林地面积最大，分别为 38% 和 27%；水域、草地和建设用地面积占比依次为 12%、11%、10%；未利用地面积最小，仅占 2%。

过去三十年间，鄱阳湖区林地面积总体上在增加，1988 年林地面积占比为 15%，2018 年增加至 27%；草地面积总体上在减少，由 1988 年的 28% 减少至 2018 年的 11%；耕地面积占总面积比例最大，且长期稳定在 40% 左右；水域面积总体上在减少，由 19% 减少至 12%；由于鄱阳湖区城镇扩张，建设用地面积总体上在逐渐增加，由 1% 增加至 10%，未利用地面积总体上在逐渐减少，由 4% 减少至 2%。

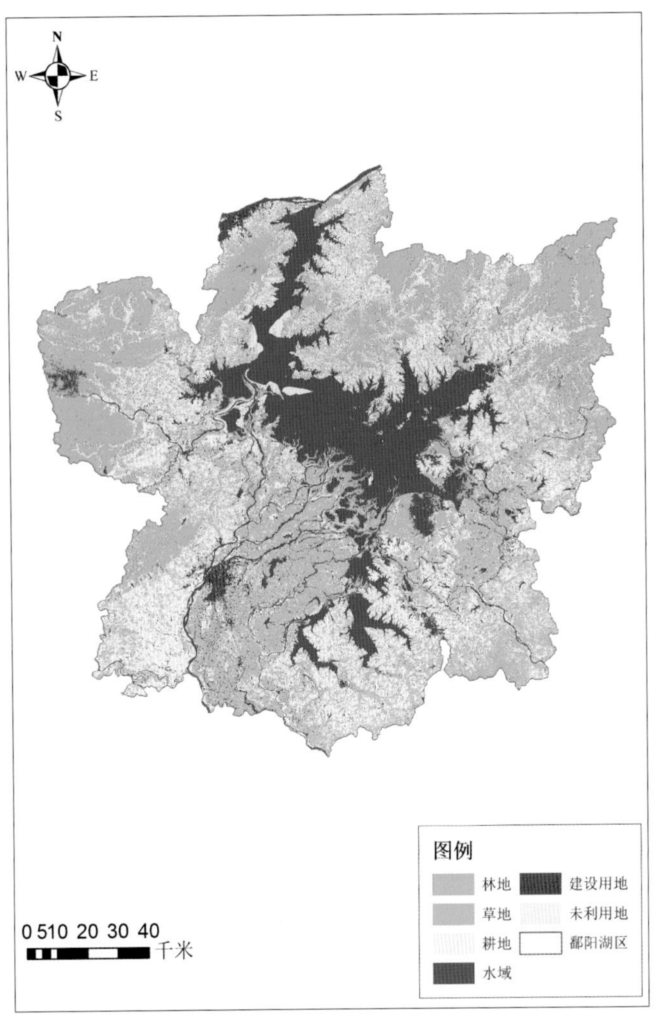

图 2.1　1988 年鄱阳湖区土地利用现状图

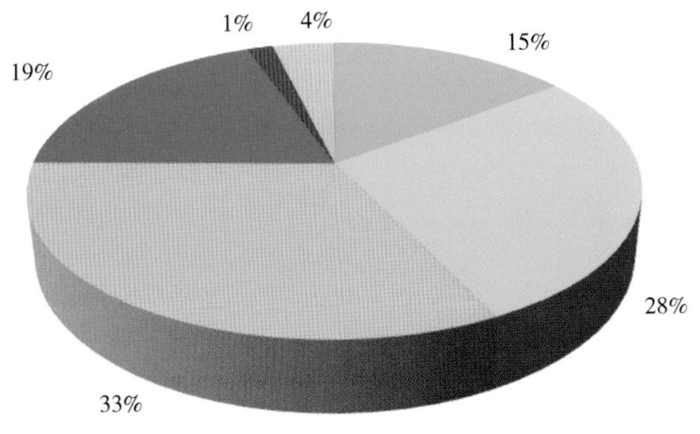

图 2.2　1988 年鄱阳湖区各土地利用类型占比

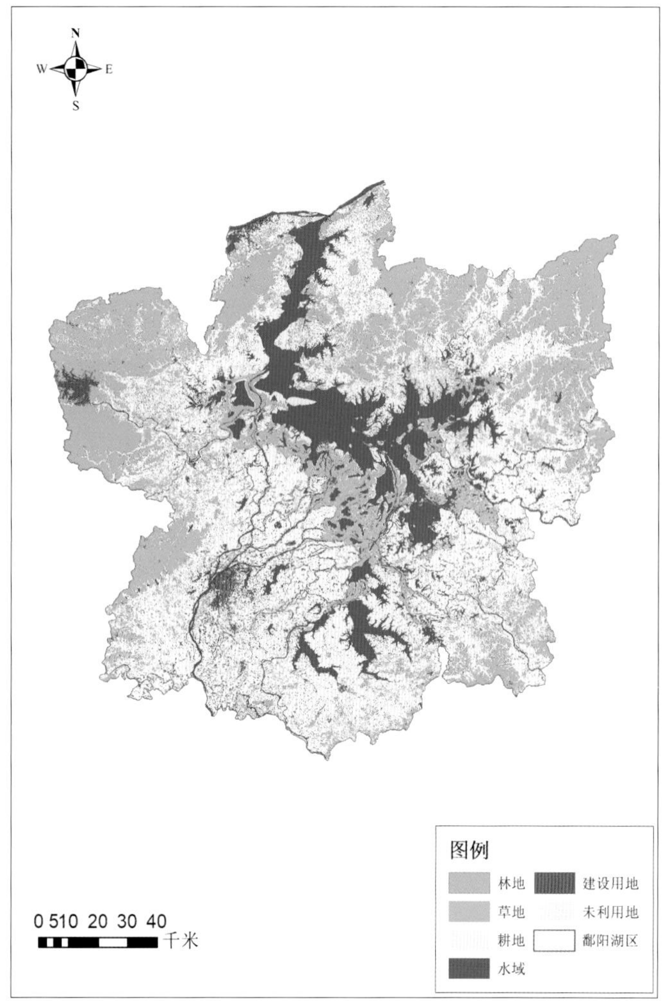

图 2.3　1993 年鄱阳湖区土地利用现状图

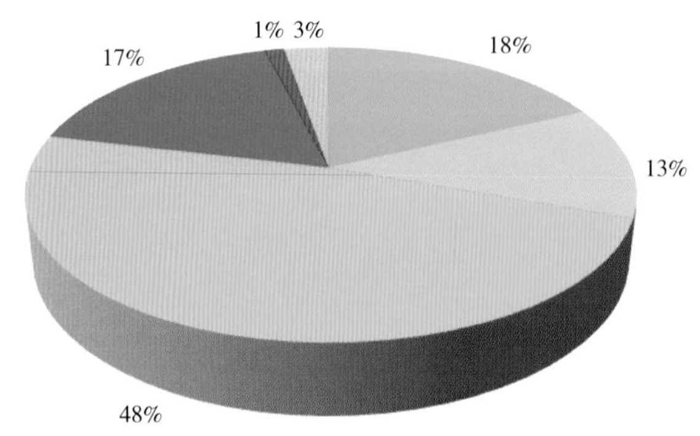

图 2.4　1993 年鄱阳湖区各土地利用类型占比

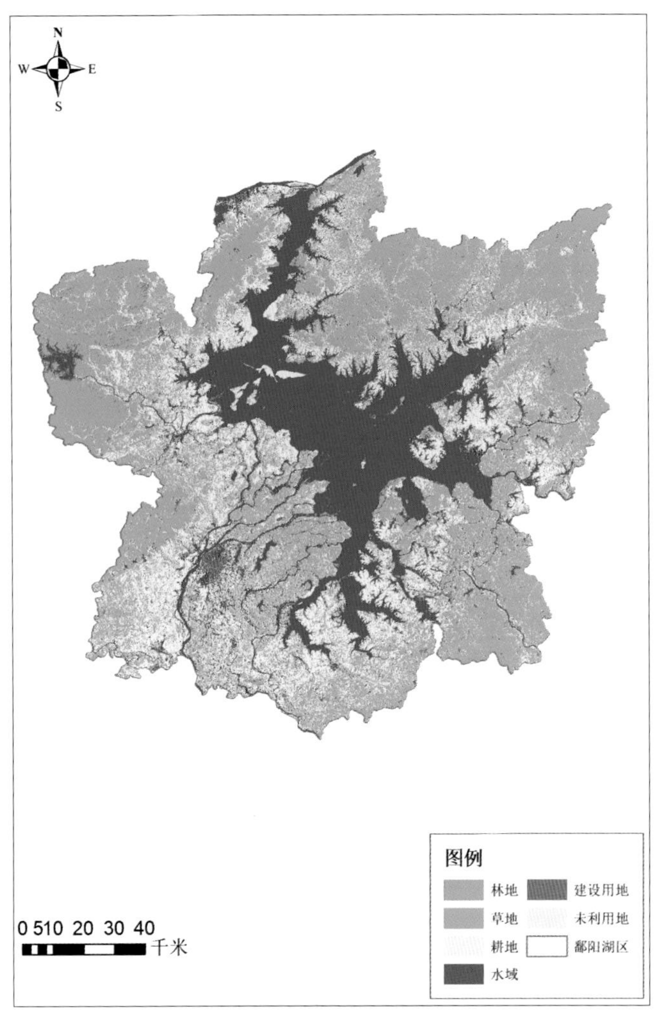

图 2.5 1999 年鄱阳湖区土地利用现状图

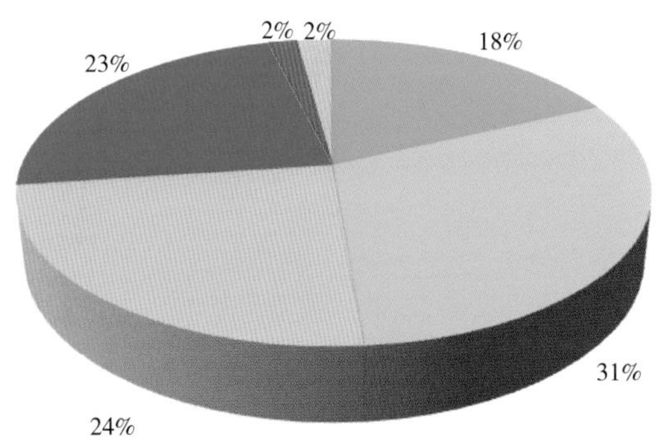

图 2.6 1999 年鄱阳湖区各土地利用类型占比

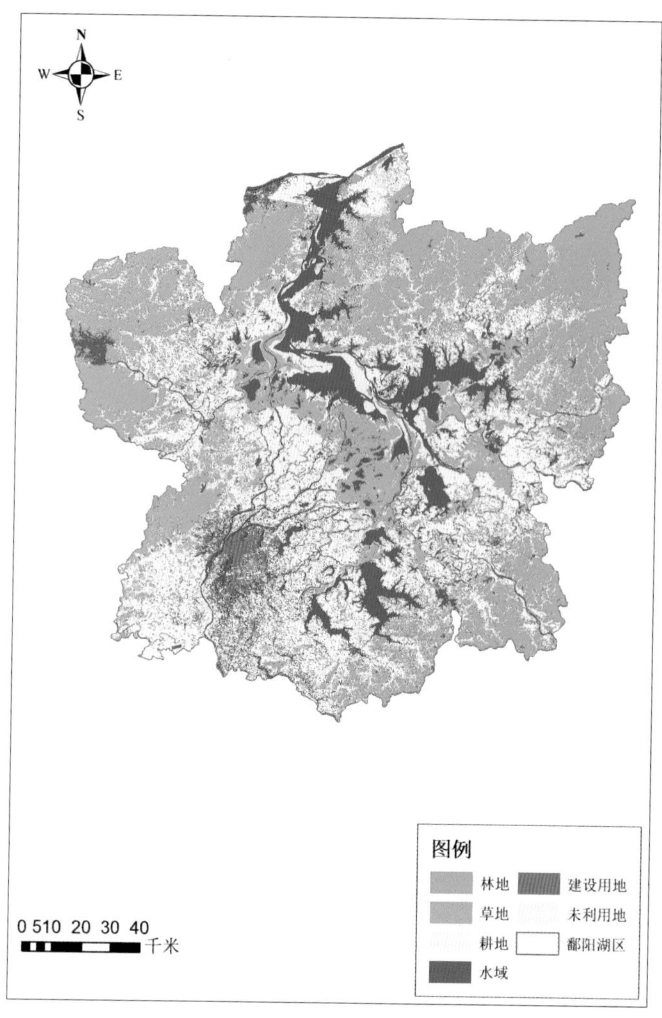

图 2.7 2004 年鄱阳湖区土地利用现状图

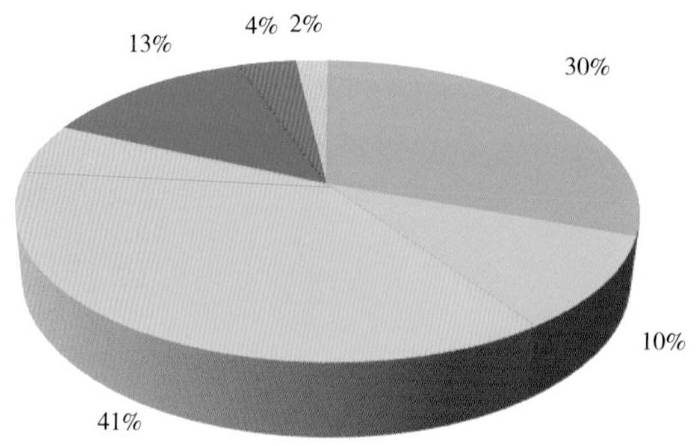

图 2.8 2004 年鄱阳湖区各土地利用类型占比

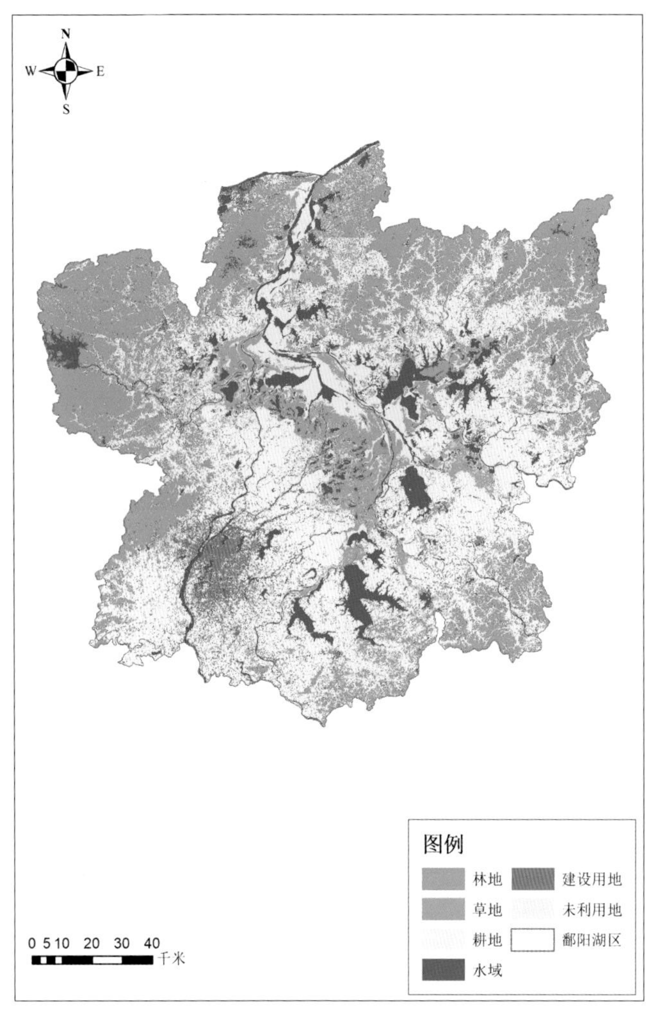

图 2.9　2009 年鄱阳湖区土地利用现状图

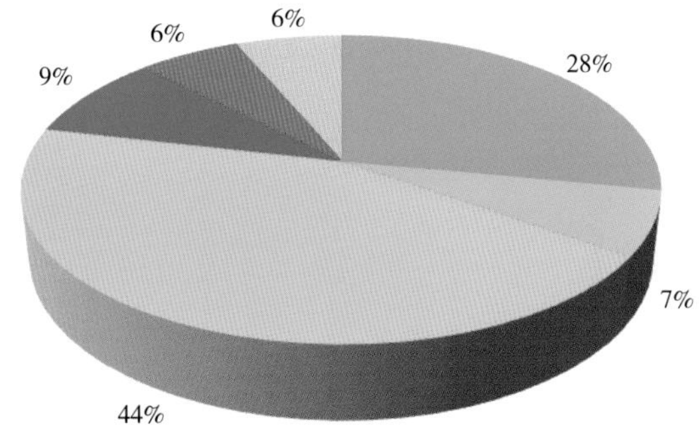

图 2.10　2009 年鄱阳湖区各土地利用类型占比

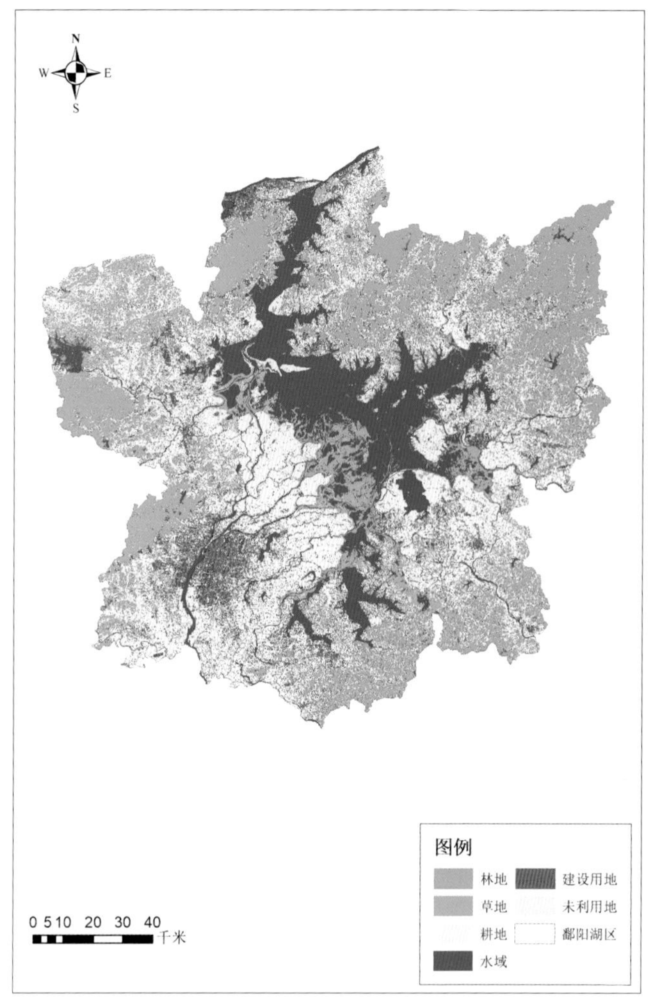

图 2.11　2014 年鄱阳湖区土地利用现状图

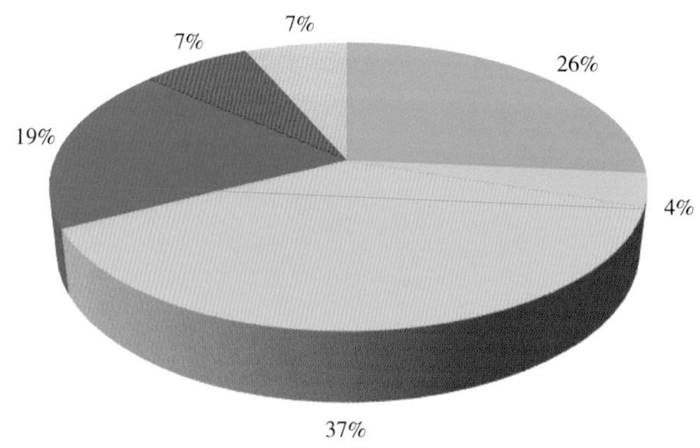

图 2.12　2014 年鄱阳湖区各土地利用类型占比

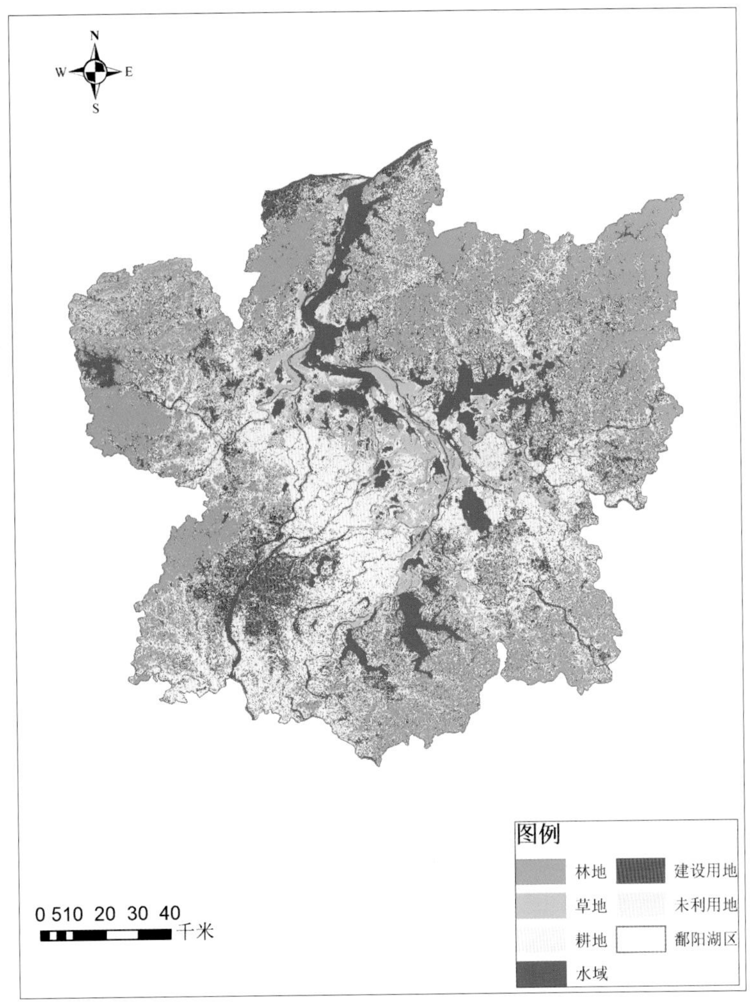

图 2.13　2018 年鄱阳湖区土地利用现状图

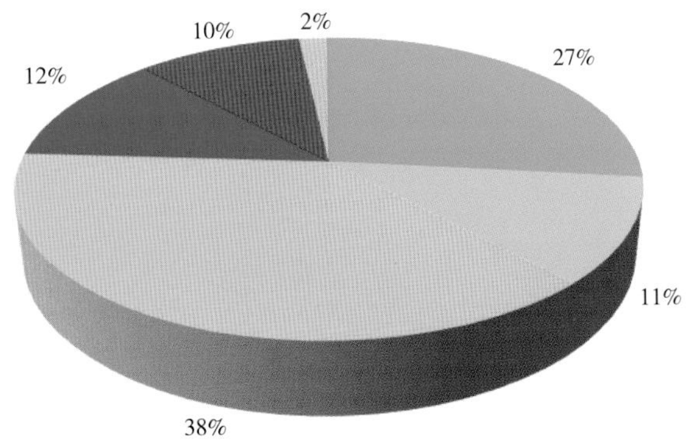

图 2.14　2018 年鄱阳湖区各土地利用类型占比

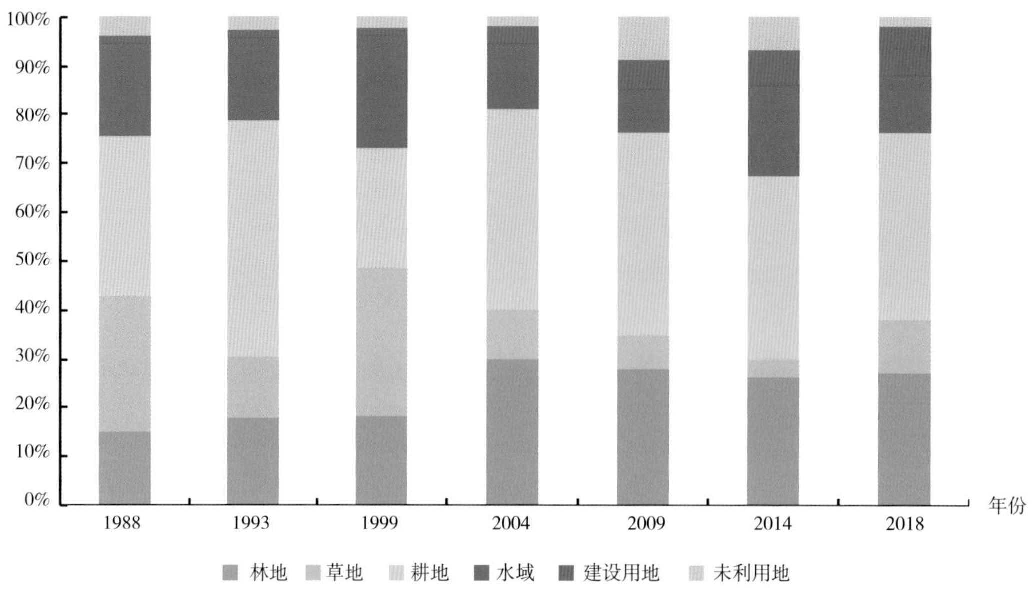

图 2.15 1988—2018 年鄱阳湖区各土地利用组成变化

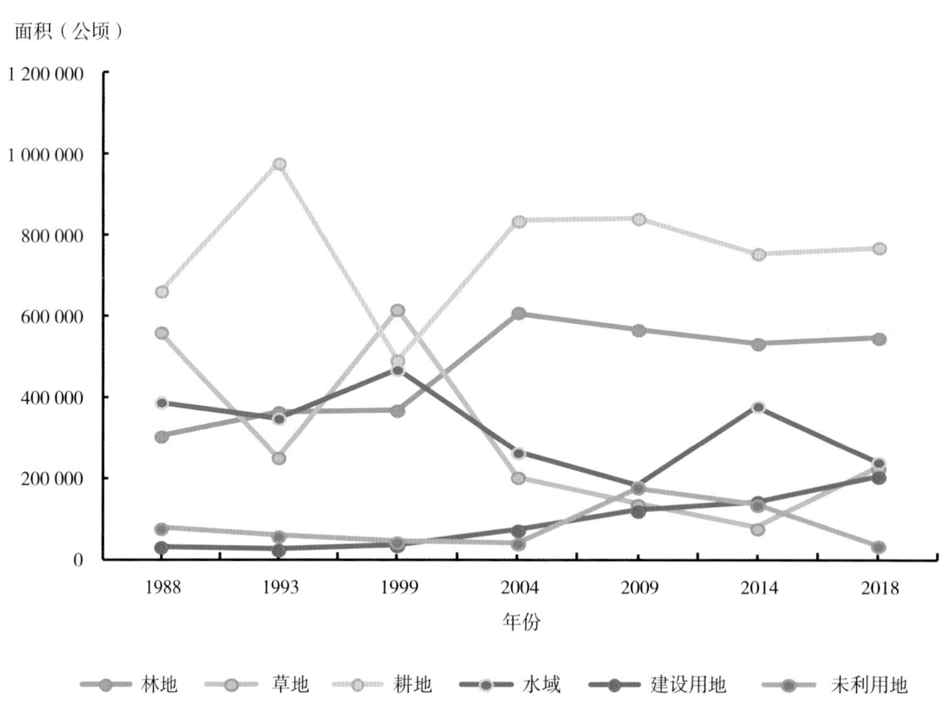

图 2.16 1988—2018 年鄱阳湖区各土地利用类型变化折线图

第二节　1988—2018 年鄱阳湖区城镇化过程

1988 年、1993 年、1999 年、2004 年、2009 年、2014 年和 2018 年枯水期鄱阳湖湖区建设用地分布情况如图 2.17 至图 2.24 所示。三十年来鄱阳湖区的建设用地面积基本上呈逐年增加趋势，共增加了 173 070 hm^2，年均增长率为 6.43%。除 1988—1993 年建设用地面积略有减少之外，其余各年份建设用地面积均在增加。1993 年的建设用地面积最小，仅为 24 716 hm^2；2018 年建设用地面积扩张至最大，为 204 654 hm^2。其中，2000 年以后建设用地扩张较为明显，1999—2004 年建设用地面积扩张强度最大，增加了一倍左右；其次是 2004—2009 年，这期间建设用地面积增加了 47 425 hm^2，年均增长率为 10.53%。

本节按地级市将研究区分为南昌市、九江市和上饶市三个区域，并分析三个地级市建设用地面积扩张变化。南昌市建设用地呈逐年扩张趋势，其面积从 1988 年的 16 639 hm^2 增加至 2018 年的 84 574 hm^2，共增加了 67 935 hm^2，年变化率为 13.61%。九江市建设用地面积从 9 832 hm^2 增加至 68 085 hm^2，共增加了 58 253 hm^2，年变化率为 19.75%。上饶市建设用地面积从 5 112 hm^2 增加至 51 995 hm^2，共增加了 46 883 hm^2，其年变化率在三个地级市中最高，为 30.57%。

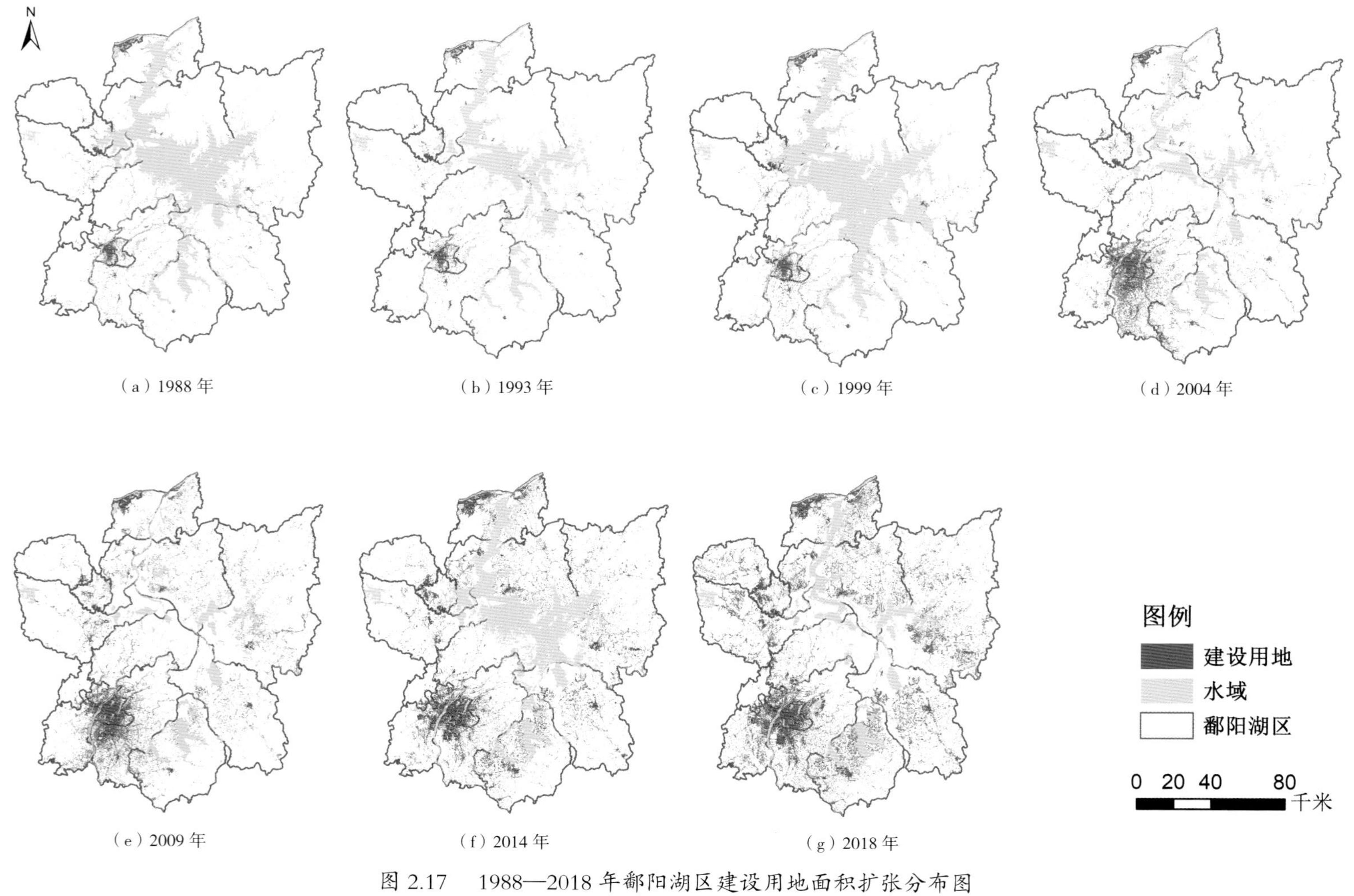

图 2.17 1988—2018 年鄱阳湖区建设用地面积扩张分布图

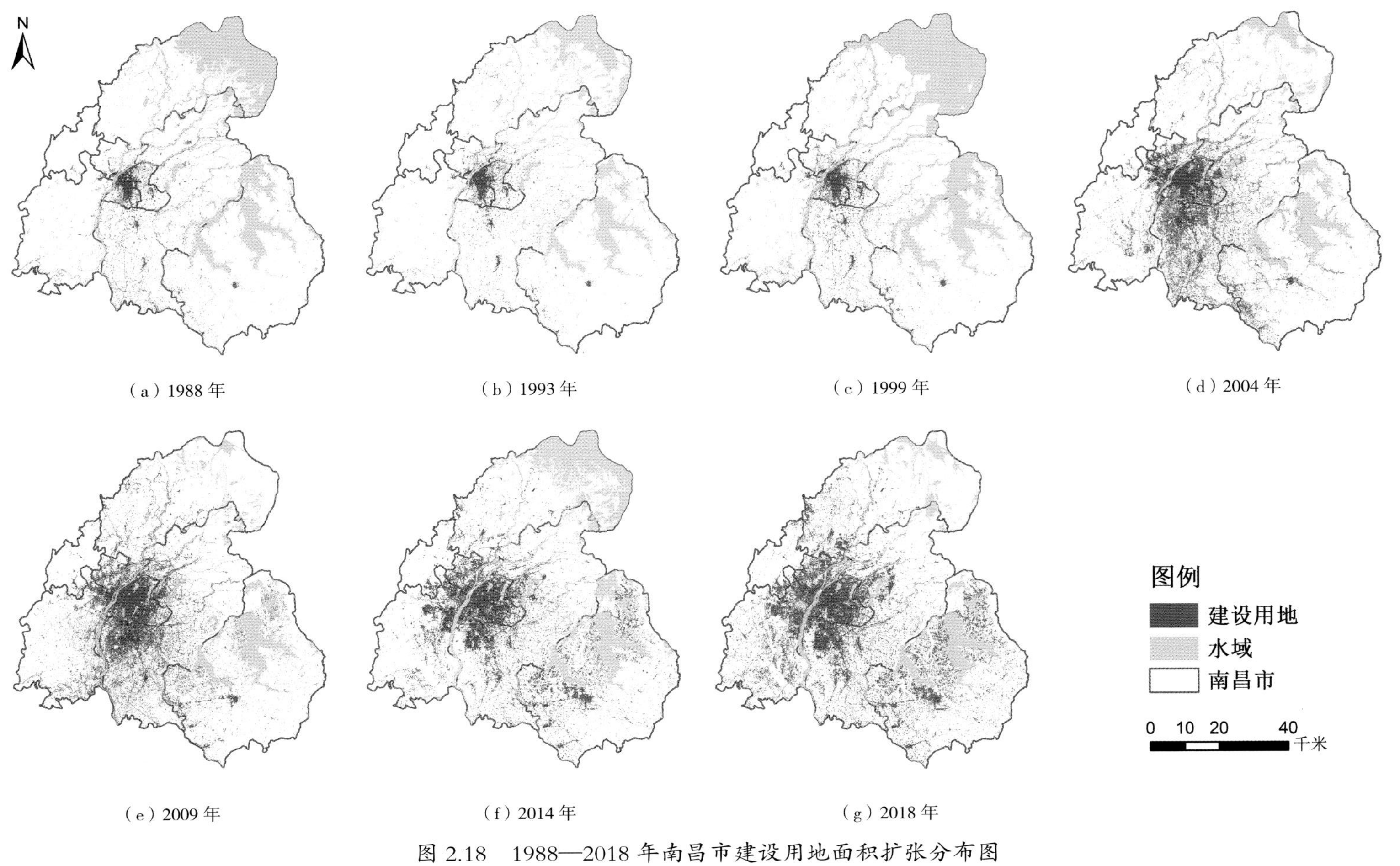

图 2.18　1988—2018 年南昌市建设用地面积扩张分布图

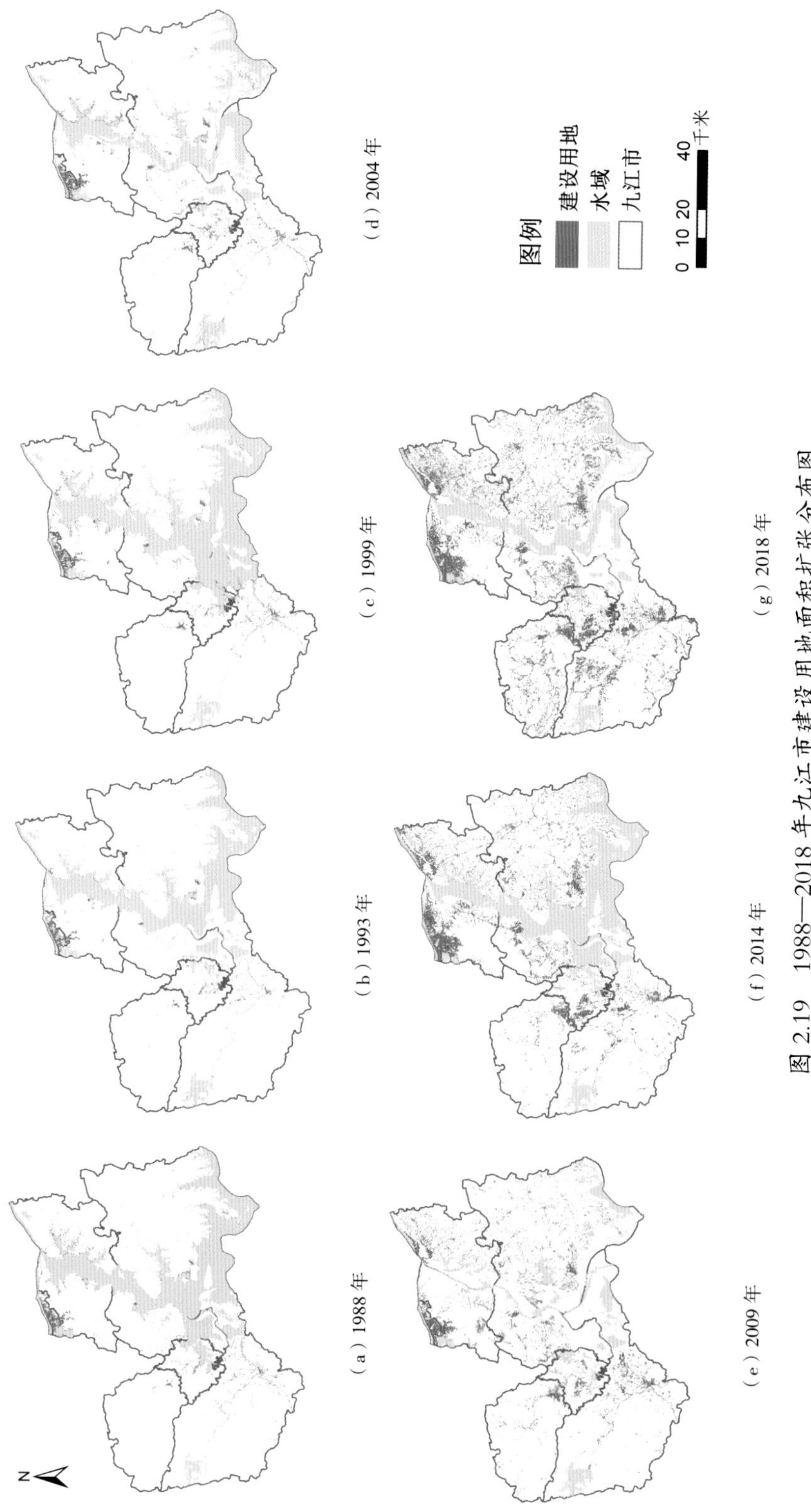

图 2.19 1988—2018 年九江市建设用地面积扩张分布图

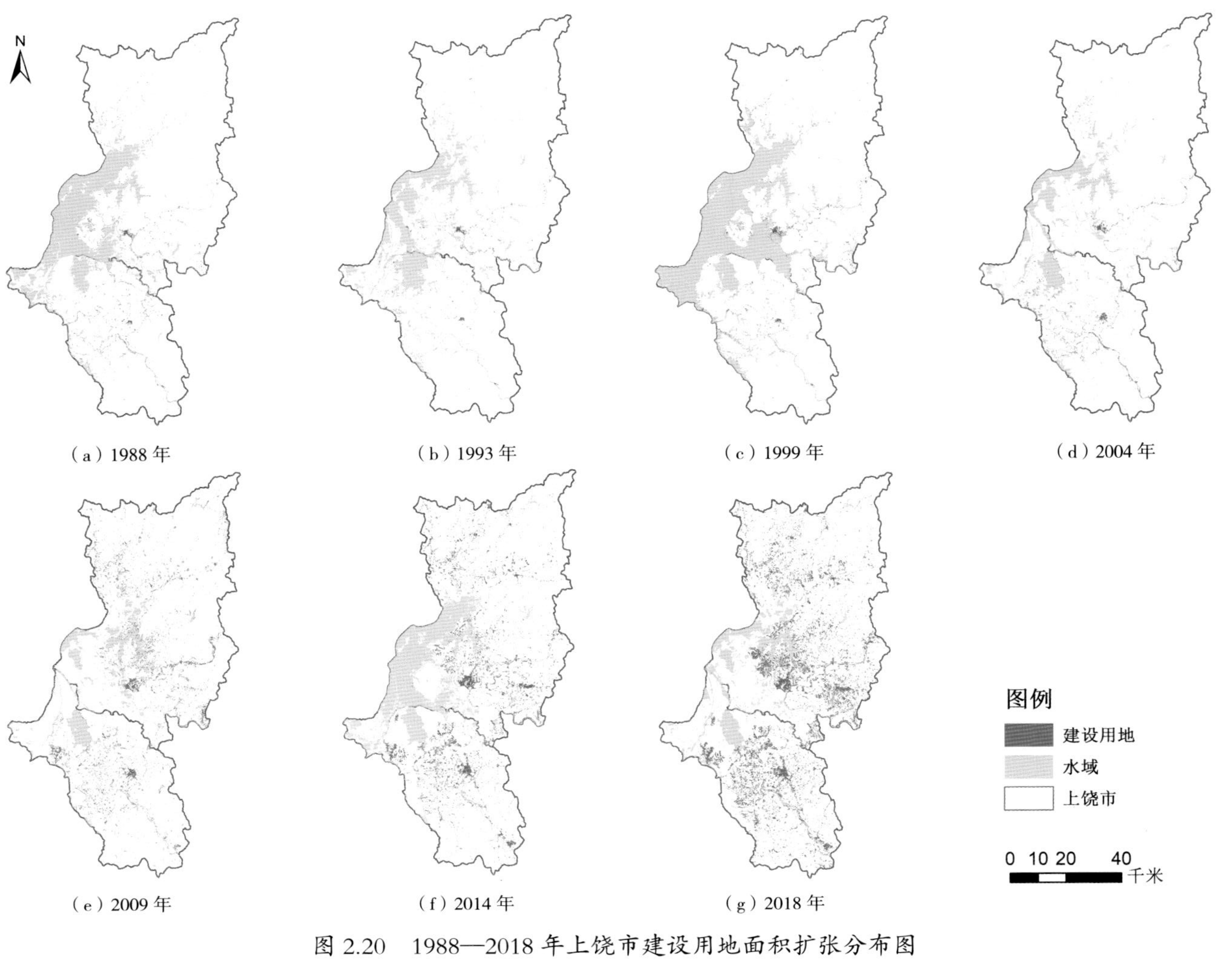

图 2.20 1988—2018 年上饶市建设用地面积扩张分布图

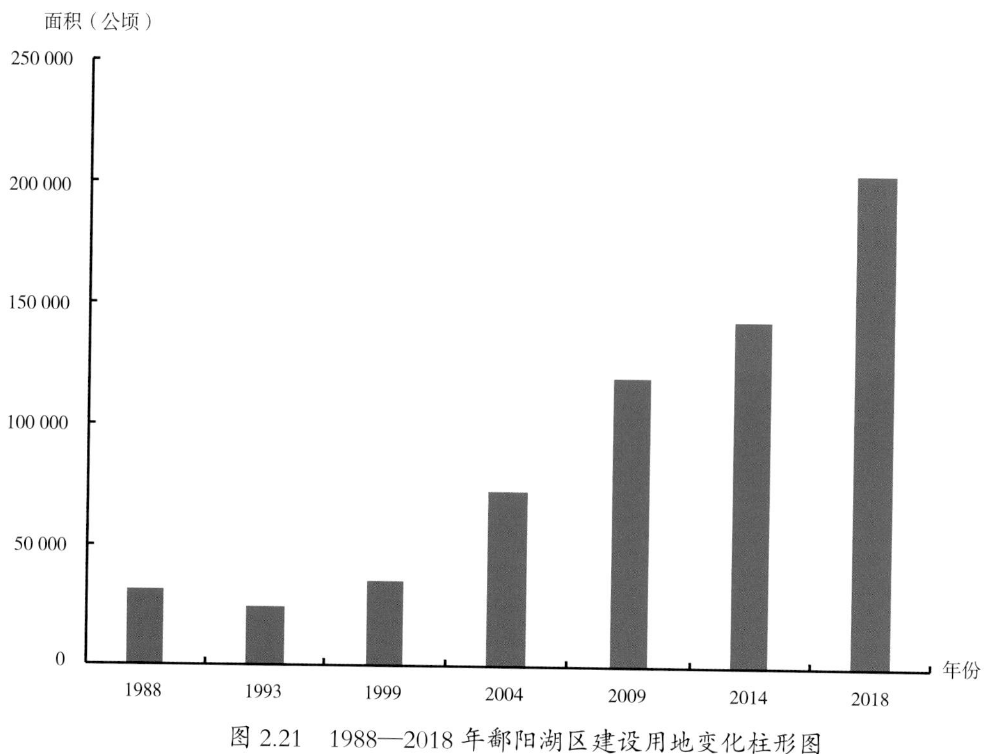

图 2.21 1988—2018 年鄱阳湖区建设用地变化柱形图

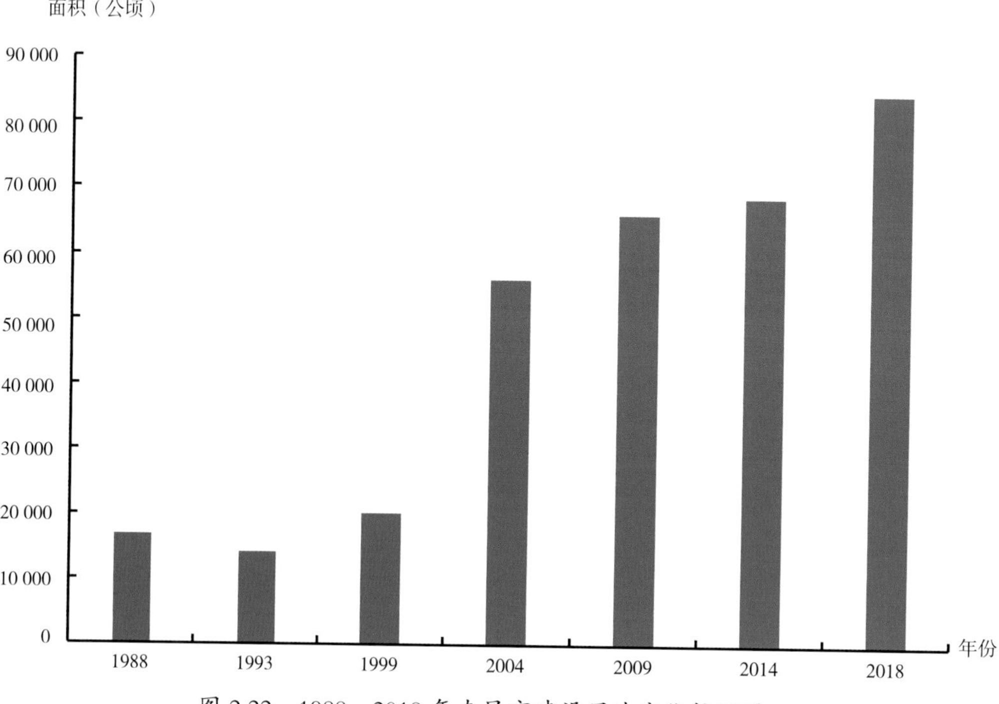

图 2.22 1988—2018 年南昌市建设用地变化柱形图

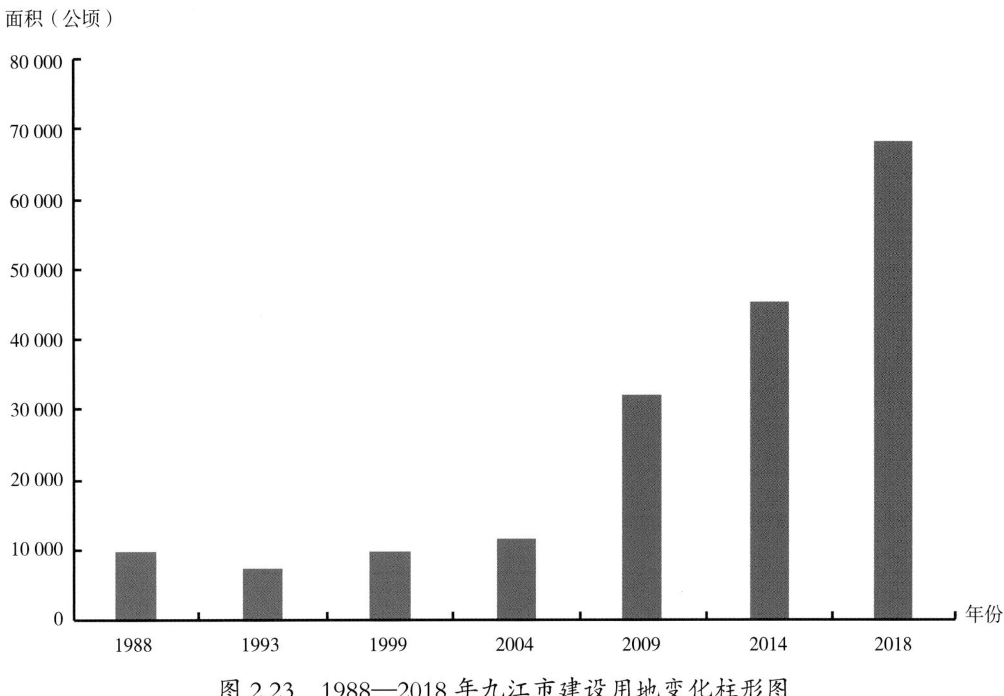

图 2.23 1988—2018 年九江市建设用地变化柱形图

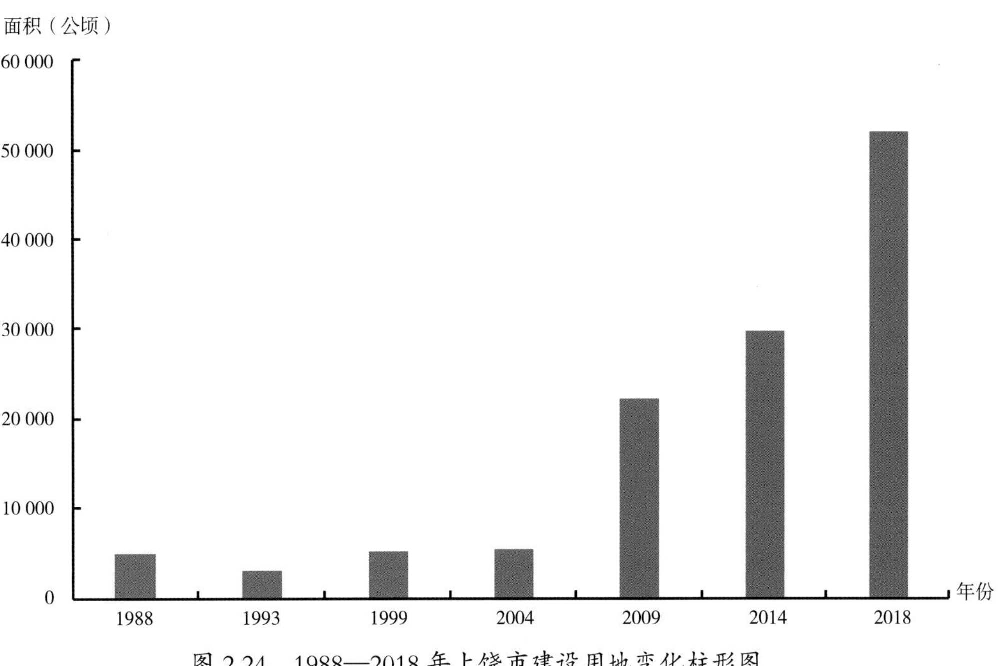

图 2.24 1988—2018 年上饶市建设用地变化柱形图

对3个地级市中各区县内建设用地面积扩张变化特征进行了进一步分析。其中，南昌市包括东湖区、西湖区、青云谱区、青山湖区、湾里区、南昌县、新建区和进贤县8个区县。九江市包含都昌县、湖口县、浔阳区、濂溪区、庐山市、德安县、永修县和共青城市。上饶市包含鄱阳县和余干县。结果表明，1988—2018年，3个地级市内各区县建设用地面积均呈现不同程度的扩张趋势。南昌市内建设用地面积扩张趋势最明显的区域为新建区和进贤县，新建区建设用地占南昌市建设用地面积比例由1988年的15%增加至2018年的25%，增加了10%；进贤县建设用地占比也增加10%，从12%增加至22%。建设用地扩张趋势较为平缓的区域为东湖区、西湖区、青云谱区等，这些地区由于发展得比较早，属于南昌市老城区范围，因而近30年来其城镇扩张强度不明显。建设用地面积最大的区域为南昌县，其扩张趋势较为稳定，7个年份建设用地面积占总建设用地面积比例稳定在30%左右；湾里区的建设用地面积占比最小，2018年为2%（图2.25至图2.32）。

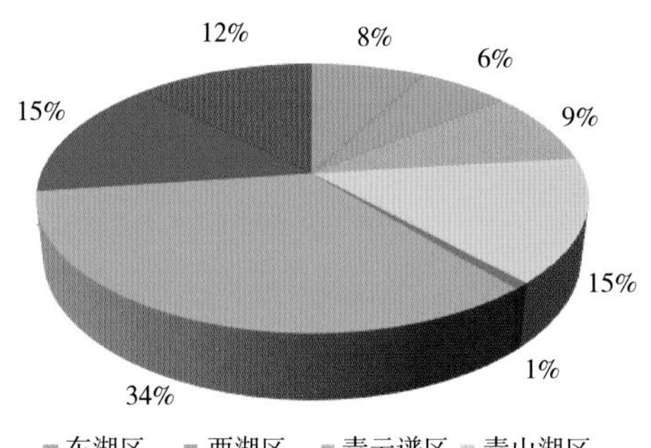

图2.25 1988年南昌市各区县建设用地面积占比

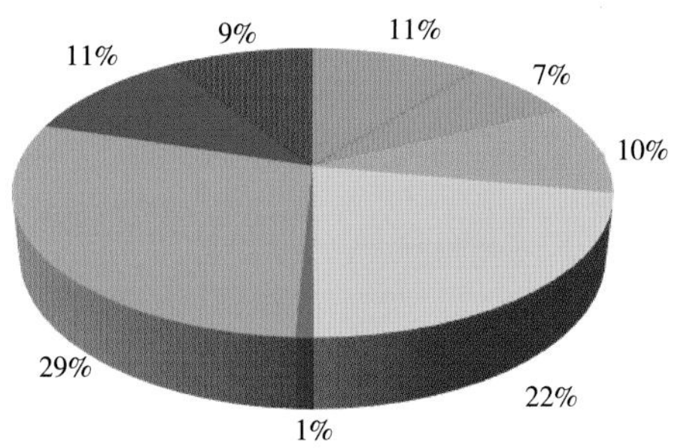

图2.26 1993年南昌市各区县建设用地面积占比

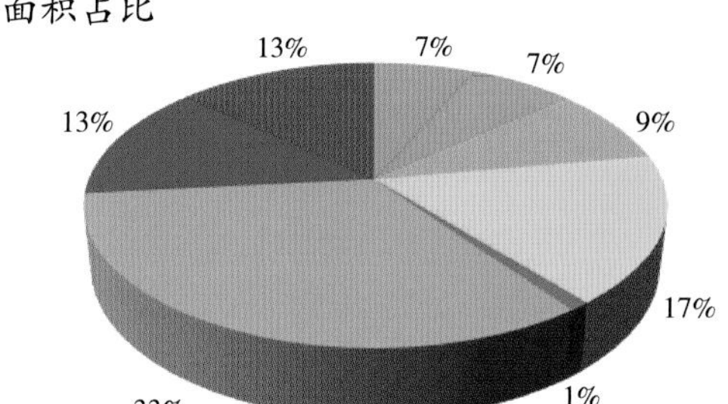

图2.27 1999年南昌市各区县建设用地面积占比

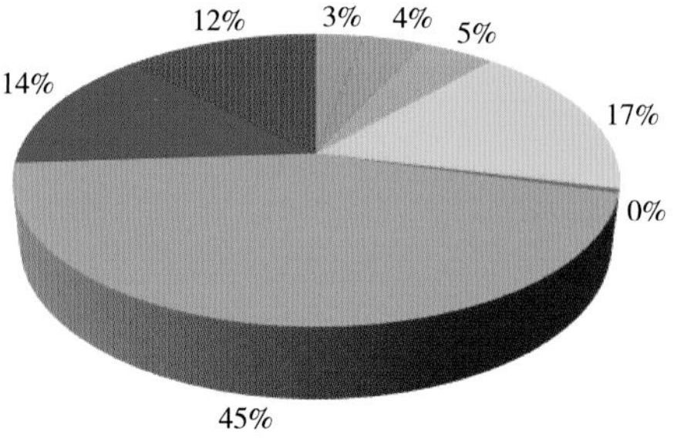

图2.28 2004年南昌市各区县建设用地面积占比

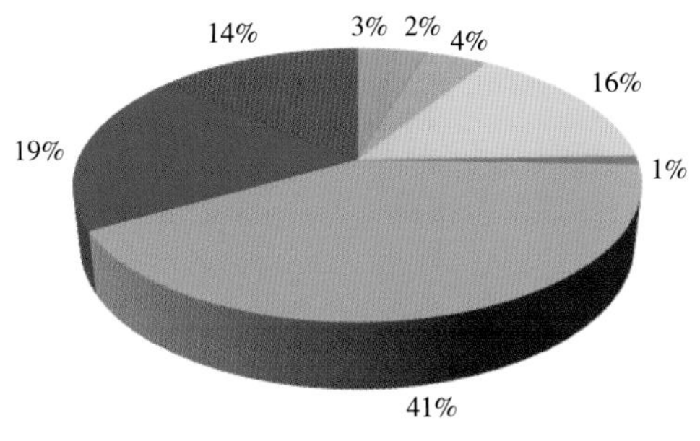

图 2.29　2009 年南昌市各区县建设用地面积占比

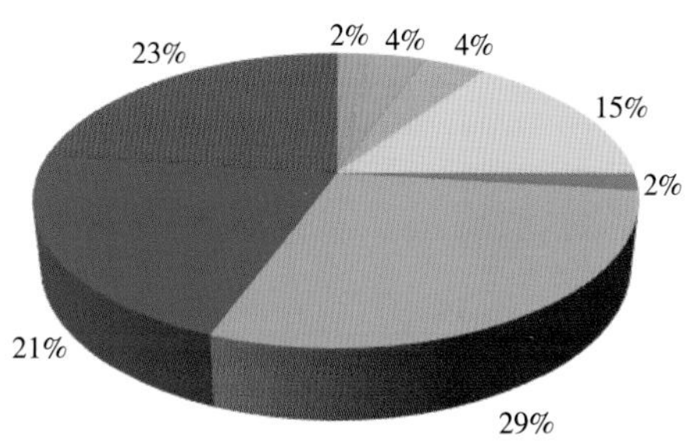

图 2.30　2014 年南昌市各区县建设用地面积占比

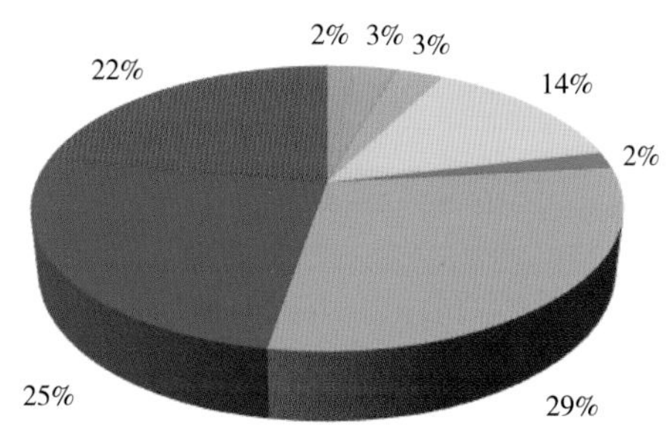

图 2.31　2018 年南昌市各区县建设用地面积占比

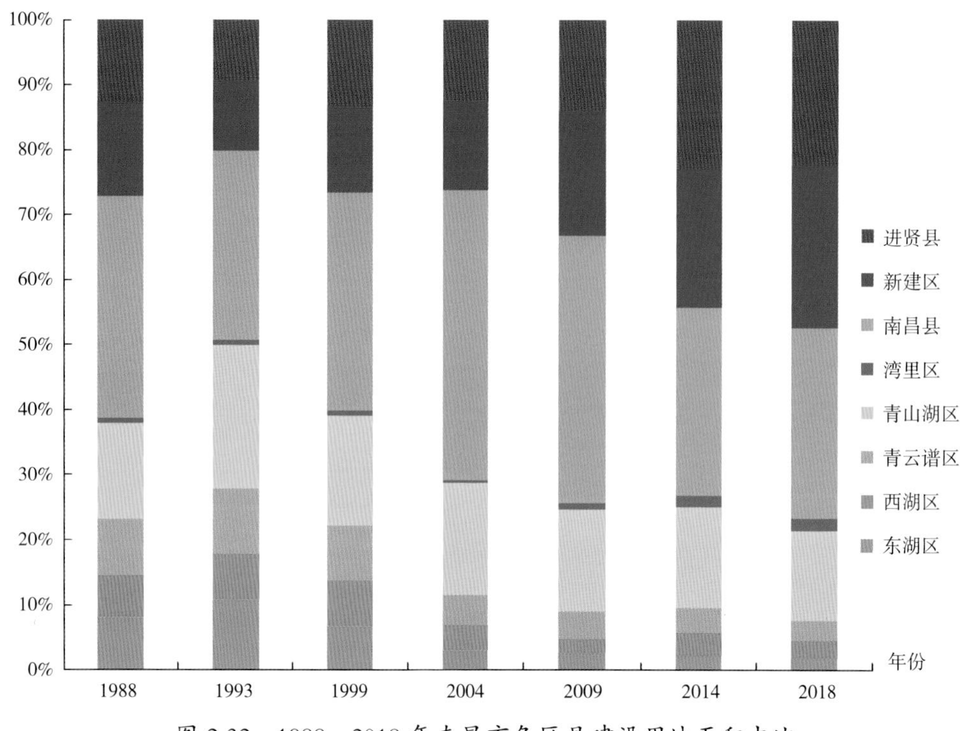

图 2.32 1988—2018 年南昌市各区县建设用地面积占比

1988—2018 年九江市建设用地面积扩张趋势最显著的区域为德安县，其次为都昌县，德安县建设用地占九江市建设用地面积比例由 1988 年的 4% 增加至 2018 年的 13%，增加了 9%；都昌县建设用地占九江市建设用地面积比例增加了 6%，从 19% 增加至 25%。建设用地扩张不显著的为浔阳区，其次为濂溪区（图 2.33 至图 2.40）。

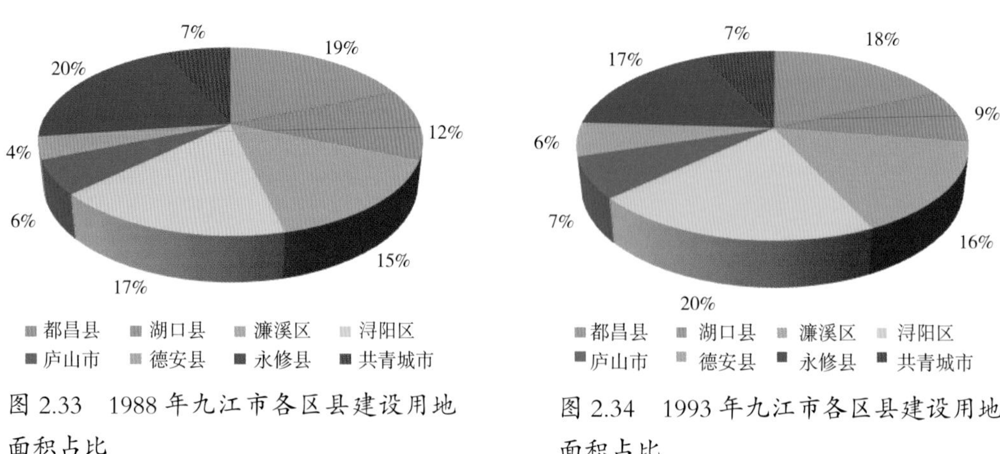

图 2.33 1988 年九江市各区县建设用地面积占比

图 2.34 1993 年九江市各区县建设用地面积占比

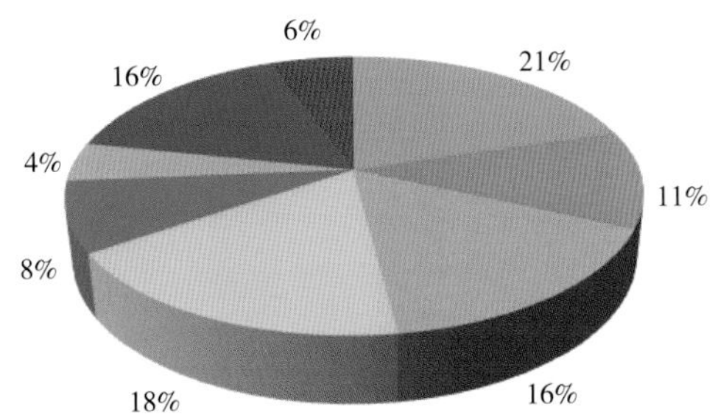

图 2.35　1999 年九江市各区县建设用地面积占比

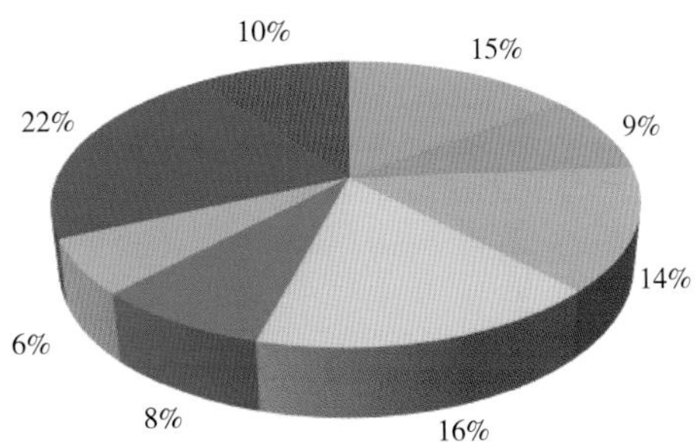

图 2.36　2004 年九江市各区县建设用地面积占比

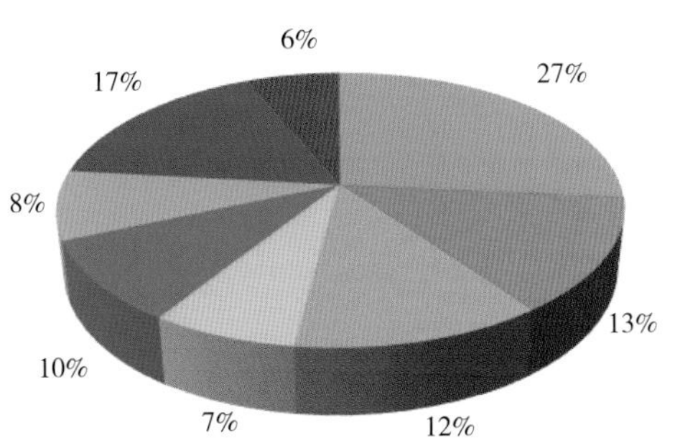

图 2.37　2009 年九江市各区县建设用地面积占比

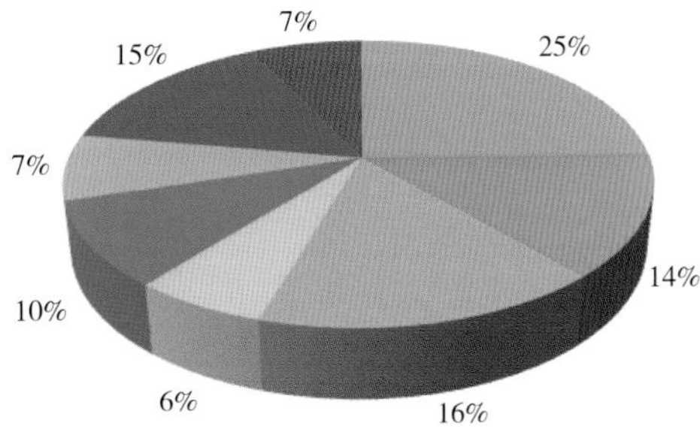

图 2.38　2014 年九江市各区县建设用地面积占比

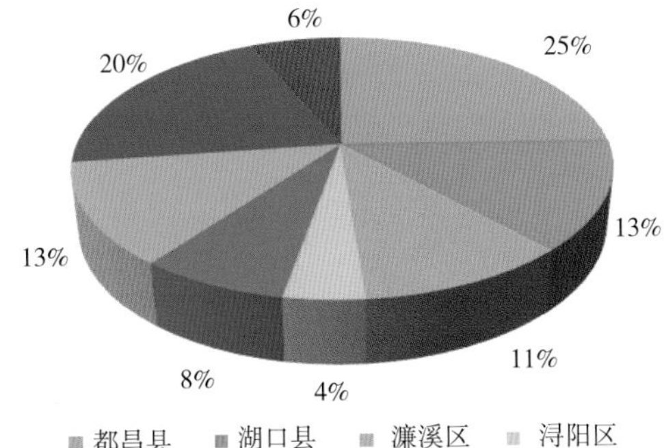

图 2.39　2018 年九江市各区县建设用地面积占比

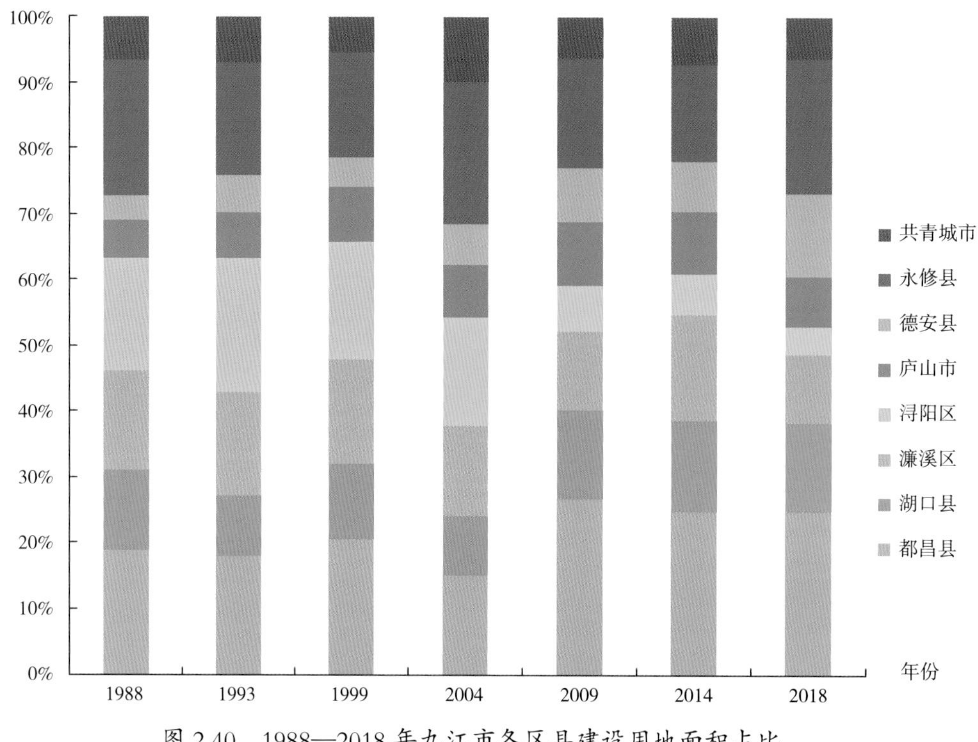

图 2.40　1988—2018 年九江市各区县建设用地面积占比

就上饶市各区县而言，鄱阳县建设用地扩张趋势相较于余干县更显著，1988 年鄱阳县建设用地占上饶市建设用地面积比例为 54%，2018 年占比为 59%；相应地，余干县建设用地占总建设用地面积百分比由 46% 减少至 41%（图 2.41 至图 2.48）。

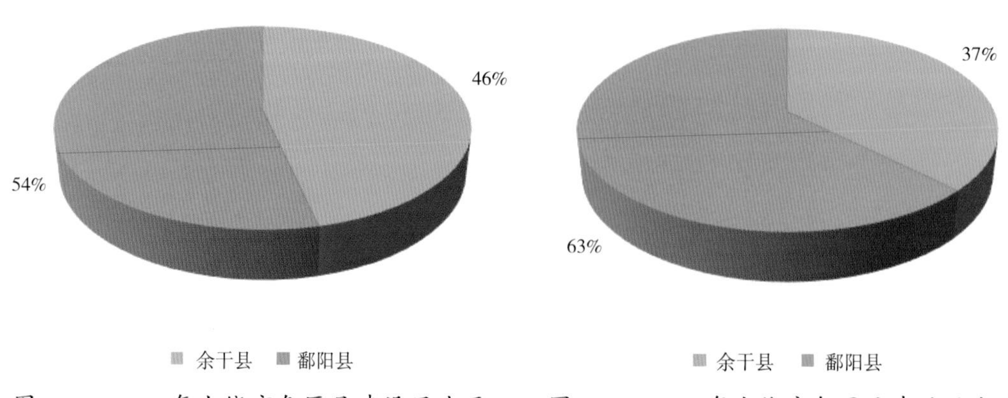

图 2.41　1988 年上饶市各区县建设用地面积占比

图 2.42　1993 年上饶市各区县建设用地面积占比

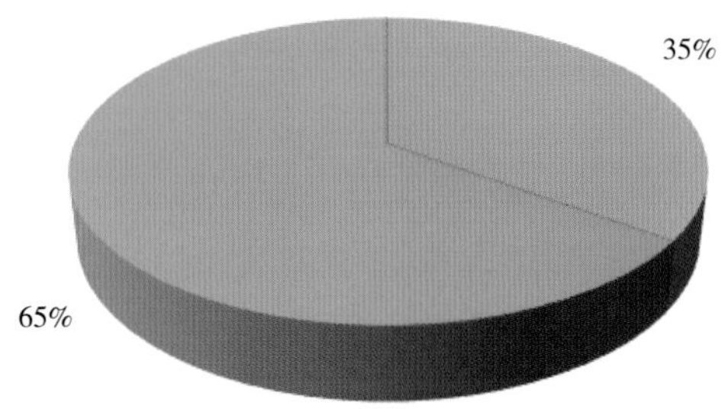

图 2.43 1999 年上饶市各区县建设用地面积占比

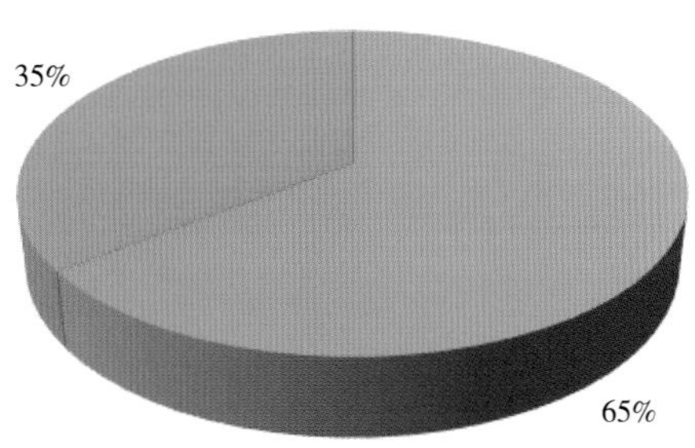

图 2.44 2004 年上饶市各区县建设用地面积占比

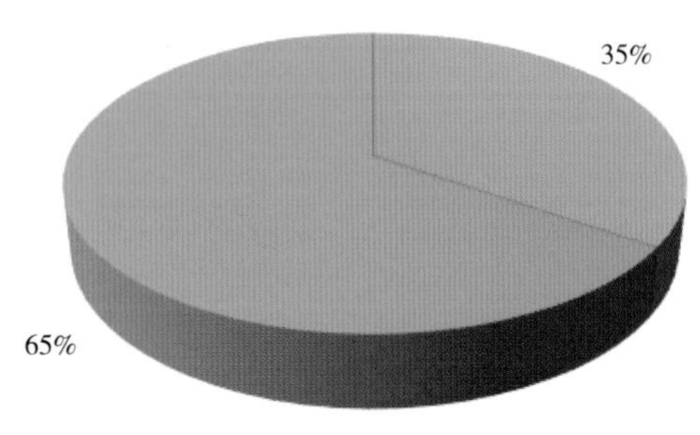

图 2.45 2009 年上饶市各区县建设用地面积占比

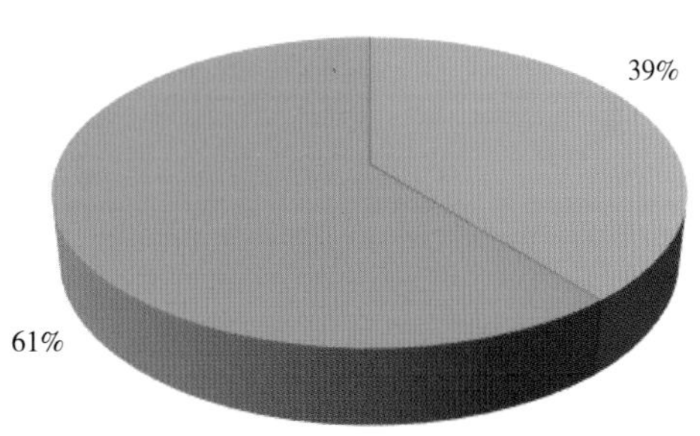

图 2.46 2014 年上饶市各区县建设用地面积占比

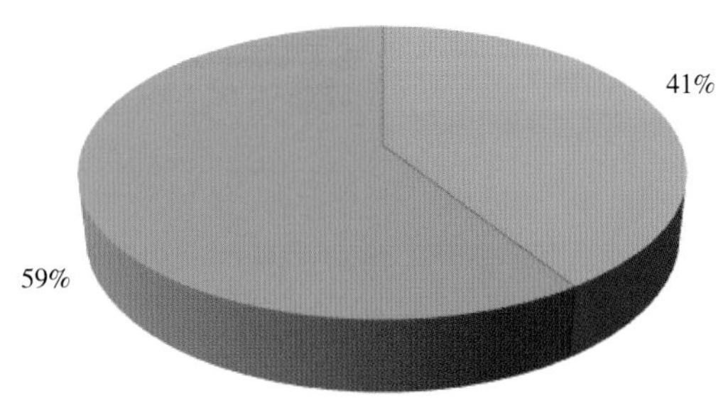

图 2.47 2018 年上饶市各区县建设用地面积占比

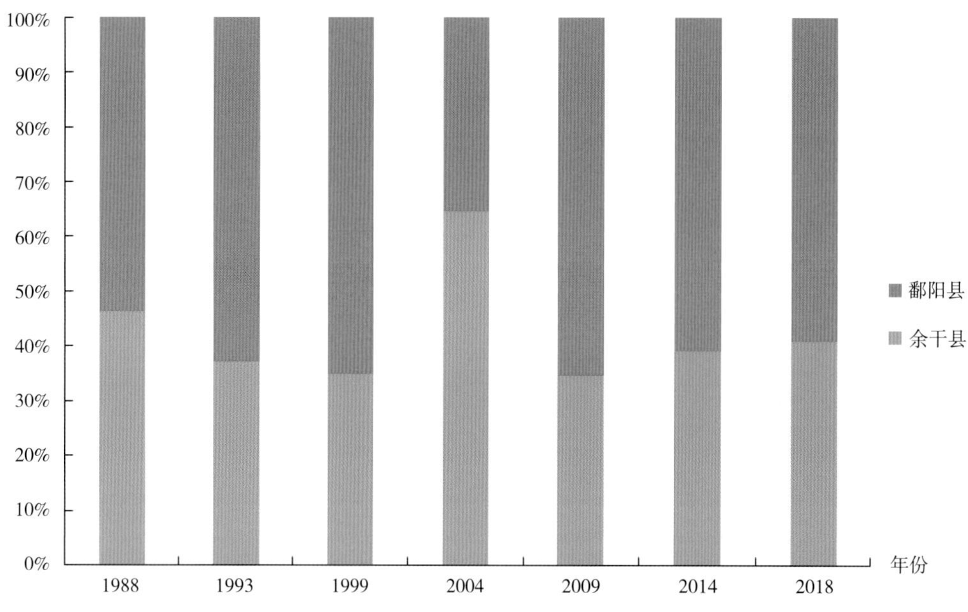

图 2.48 1988—2018 年上饶市各区县建设用地面积占比

第三章

鄱阳湖滨岸 2 000 米缓冲带土地利用演变

第一节　总体空间格局

湖体边界的确定是研究鄱阳湖湿地动态演变的基础，基于 2010 年地形数据和 1998 年 8 月 2 日（星子水位 22.5 m）遥感影像，将洪水淹没的区域设置为研究区的参考范围。有圩堤的地方以圩堤为边界，没有圩堤的地方以入湖扇形河口垂直流向的两岸连线为边界。提取鄱阳湖滨岸 2 000 米缓冲带，以滨岸缓冲带为本章的研究区域。遥感影像数据来源和处理过程与第二章相同。经鄱阳湖滨岸 2 000 米缓冲带研究区裁剪，得到 1988 年、1993 年、1999 年、2004 年、2009 年、2014 年和 2018 年枯水期鄱阳湖滨岸 2 000 米缓冲带土地利用现状图（图 3.1 至图 3.7）。

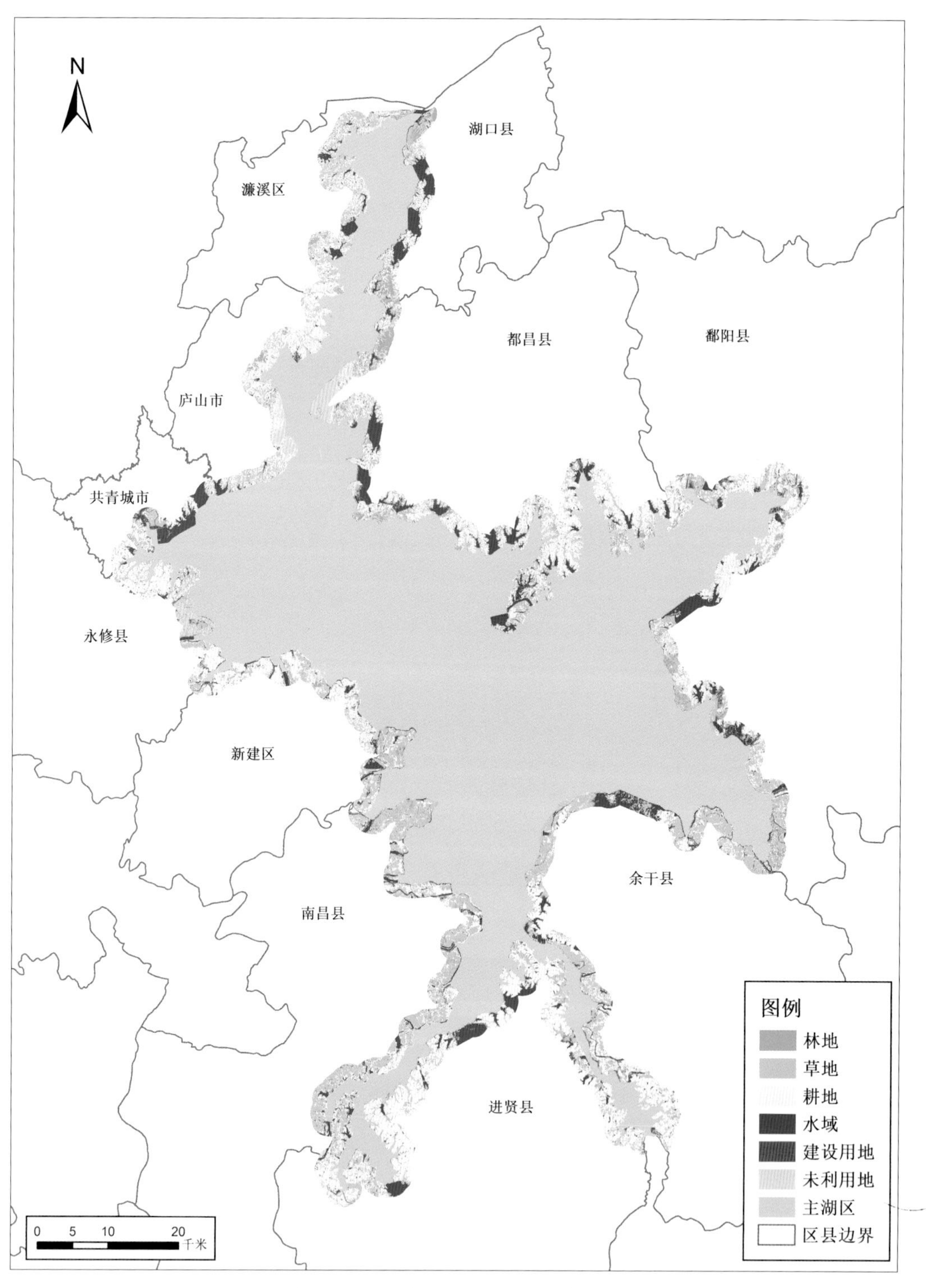

图 3.1 1988 年鄱阳湖滨岸 2 000 米缓冲带土地利用现状图

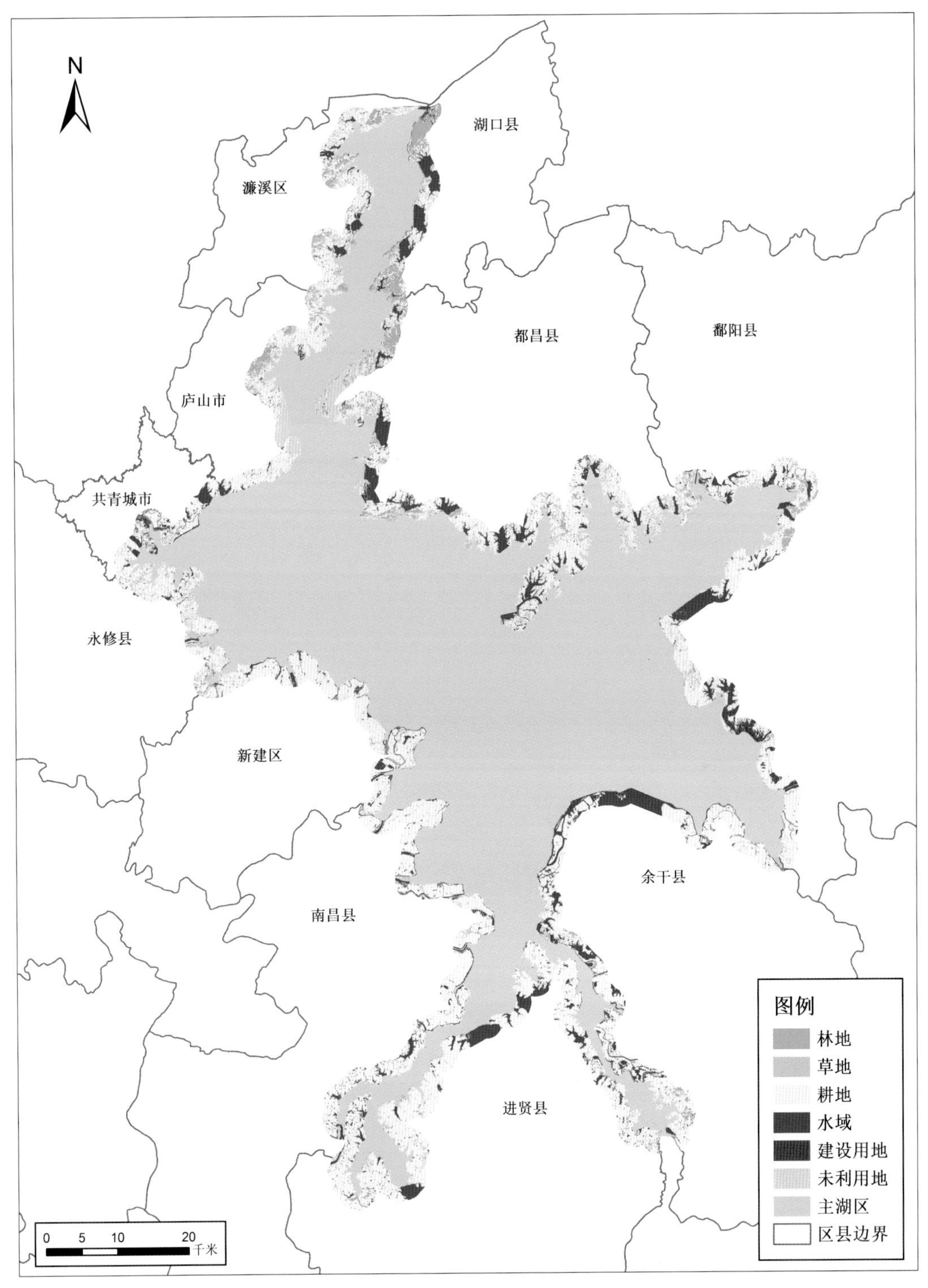

图 3.2　1993 年鄱阳湖滨岸 2 000 米缓冲带土地利用现状图

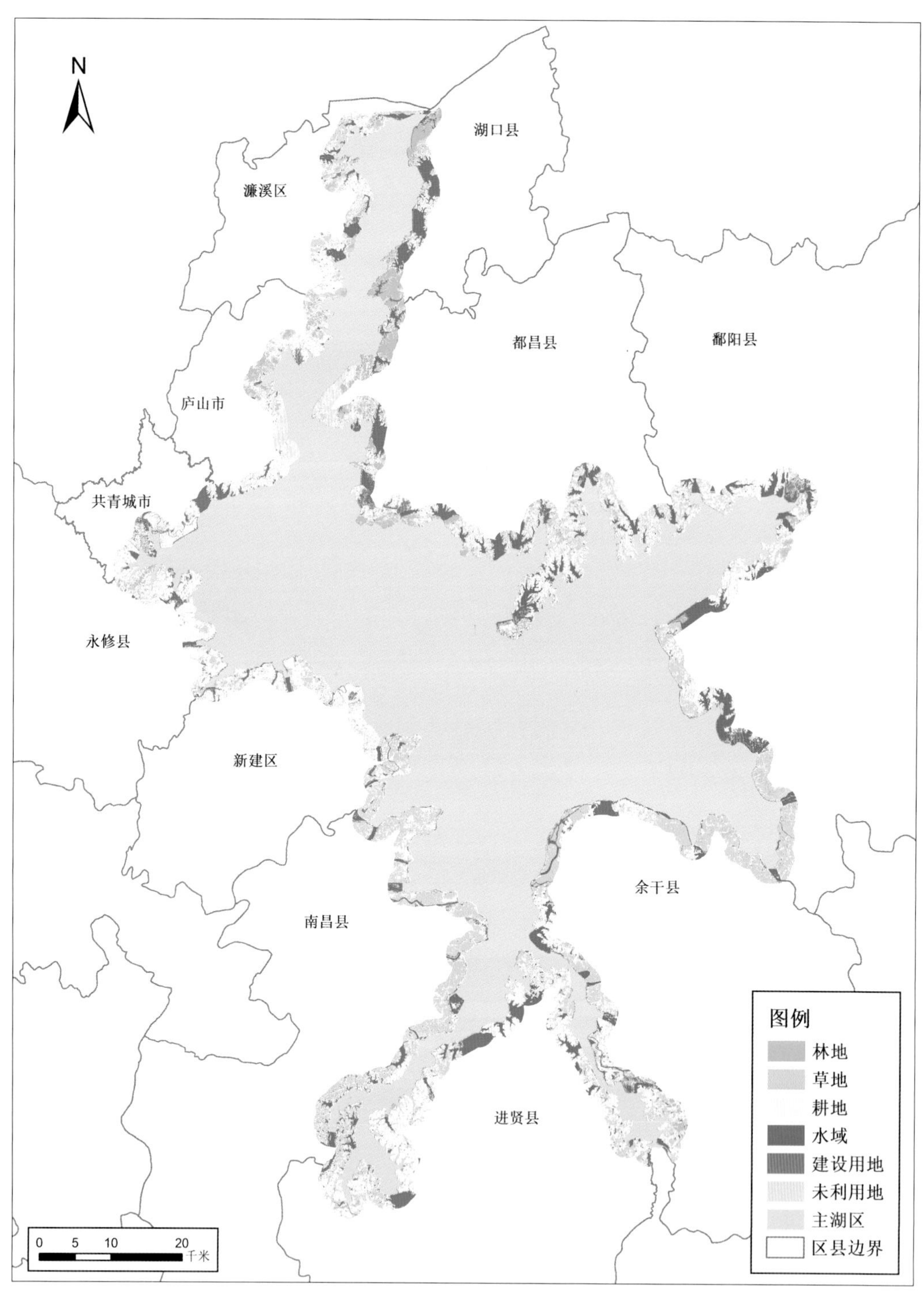

图 3.3 1999 年鄱阳湖滨岸 2 000 米缓冲带土地利用现状图

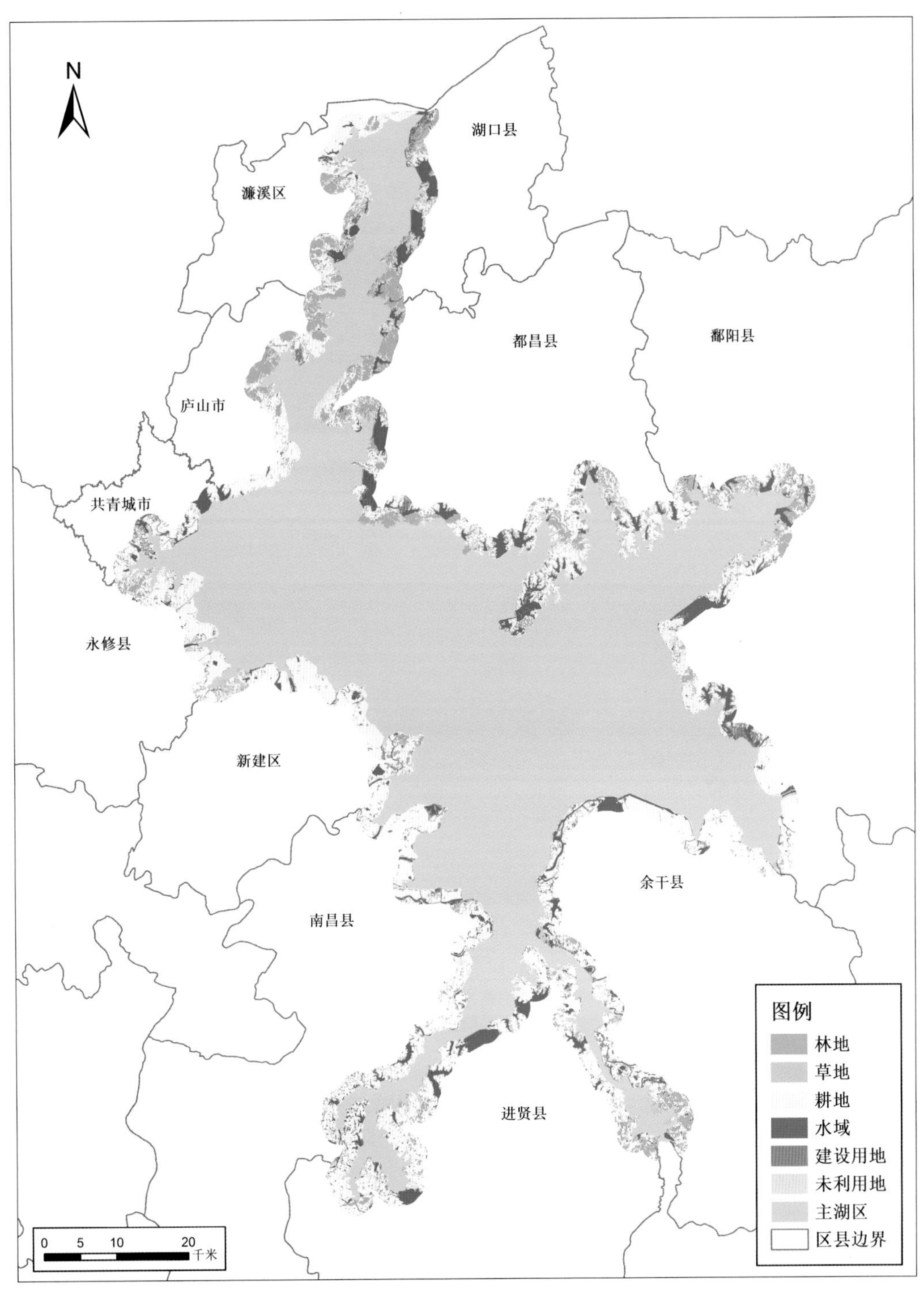

图 3.4　2004 年鄱阳湖滨岸 2 000 米缓冲带土地利用现状图

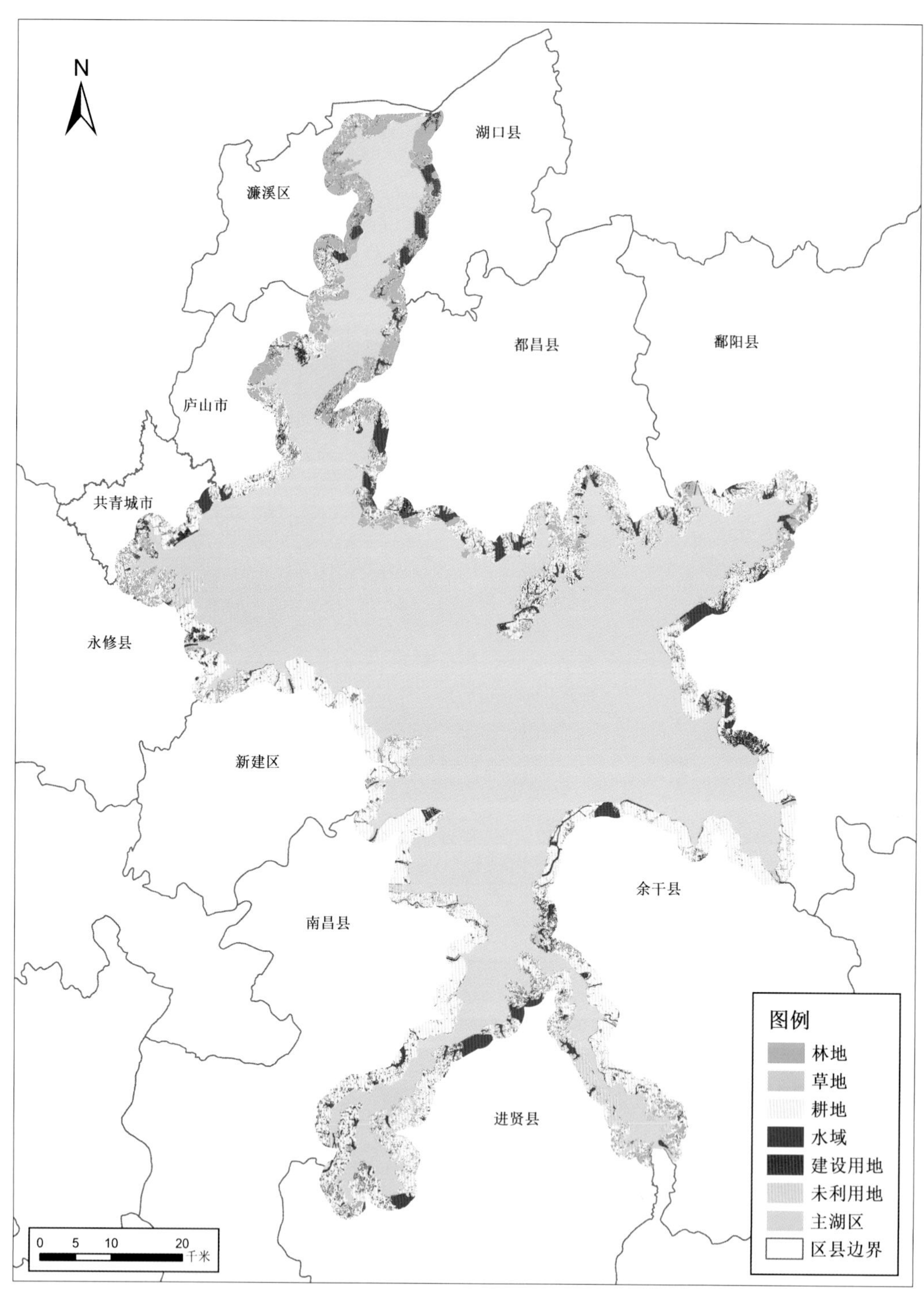

图 3.5　2009 年鄱阳湖滨岸 2 000 米缓冲带土地利用现状图

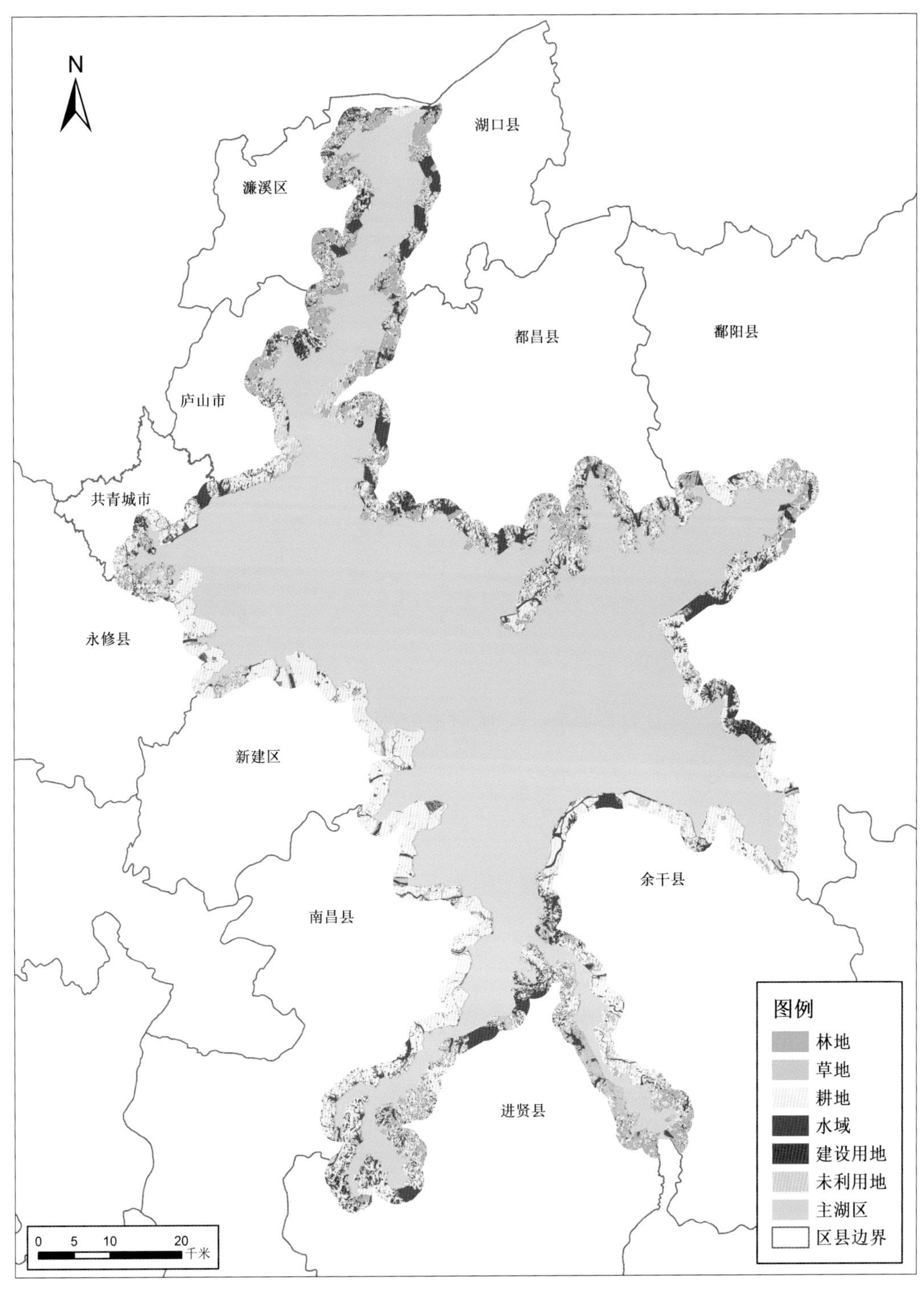

图 3.6　2014 年鄱阳湖滨岸 2 000 米缓冲带土地利用现状图

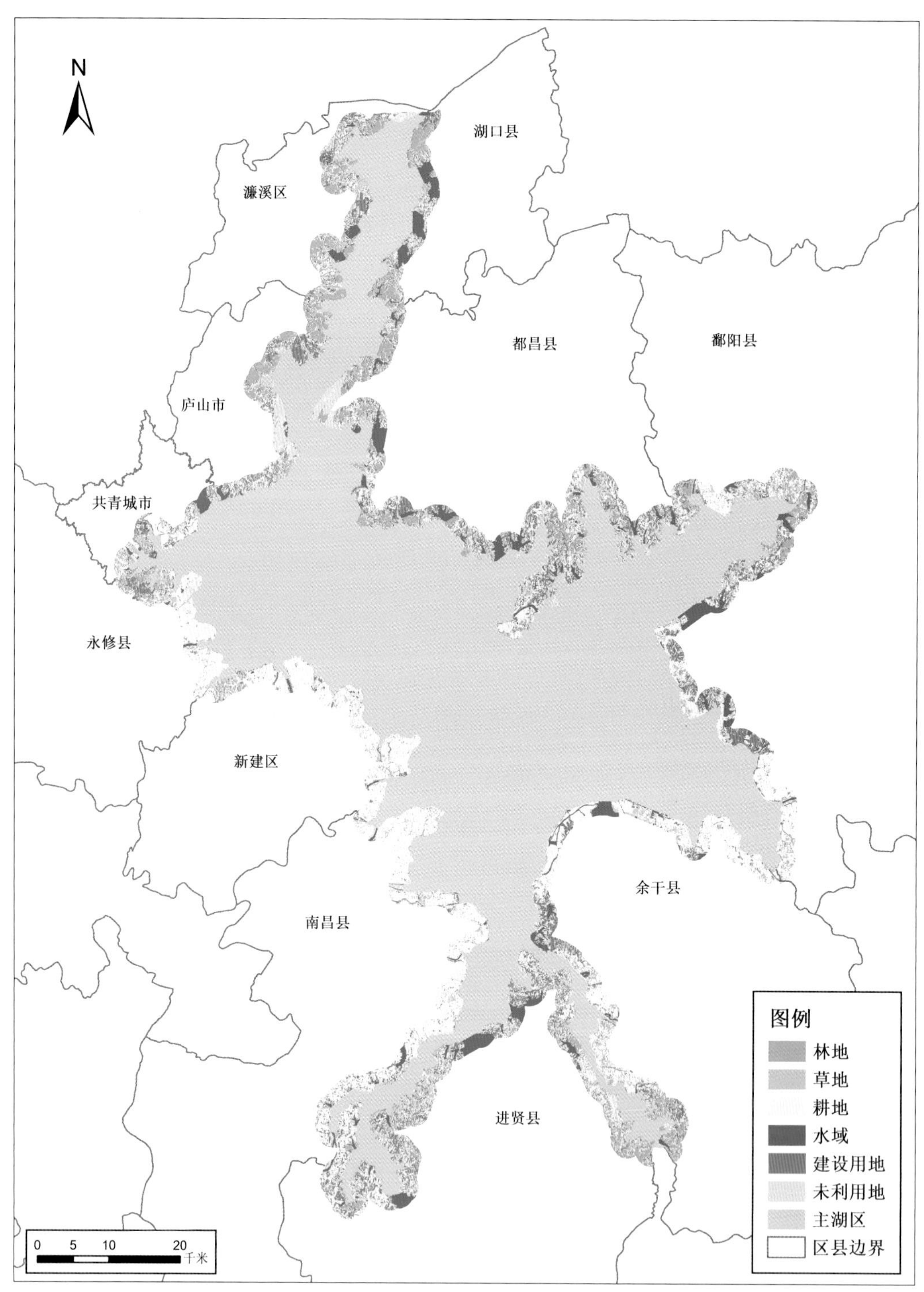

图 3.7　2018 年鄱阳湖滨岸 2 000 米缓冲带土地利用现状图

第二节　滨岸缓冲带土地利用类型演变特征

1988 年滨岸 2 000 米缓冲带土地利用类型以耕地和草地为主，二者之和占缓冲区总面积的 77%；水域次之，占比为 13%，未利用地占比 5%，林地占比 3%；建设用地面积最小，仅占研究区总面积的 2%。1993 年土地利用类型组成中耕地面积最大，占研究区总面积一半以上；其次为水域，占比 16%；草地面积占比 8%，建设用地、林地、未利用地面积均较小，分别占研究区总面积的 2%、3%、4%。1999 年滨岸缓冲区内依旧是耕地和草地面积最大，分别占 41% 和 33%；水域面积占比 16%；林地和未利用地面积占比均为 4%；建设用地面积占比为 2%。2004 缓冲区耕地占比 62%；林地面积增加较为明显，占比 15%；其次为水域，占比 13%；草地面积占比迅速下降至 6%；建设用地扩张至 3%，未利用地减至 1%。2009 年缓冲区耕地占比 59%，林地占比下降至 13%，未利用地和水域分别为 10% 和 9%，建设用地扩张至 7%，草地减至 2%。2014 年缓冲区耕地面积占比 55%，水域占 12%，林地占 11%，建设用地扩张至 9%，草地和未利用地面积占比分别为 8% 和 5%。2018 年缓冲区耕地面积占 53%，其次为建设用地，占比 12%，林地和草地均为 11%，水域占 10%，未利用地面积最小，占 3%。

总体而言，1988—2018 年滨岸 2 000 米缓冲带土地利用类型以耕地为主。其间，草地、水域和未利用地面积所占百分比均减小，其中草地面积减少的幅度最大，其面积占比减少了 23%，水域减少了 3%，未利用地减少了 2%；同时，耕地、林地和建设用地均呈现不同程度的扩张趋势，其面积所占百分比分别增加了 10%、8% 和 10%（图 3.8 至图 3.12）。

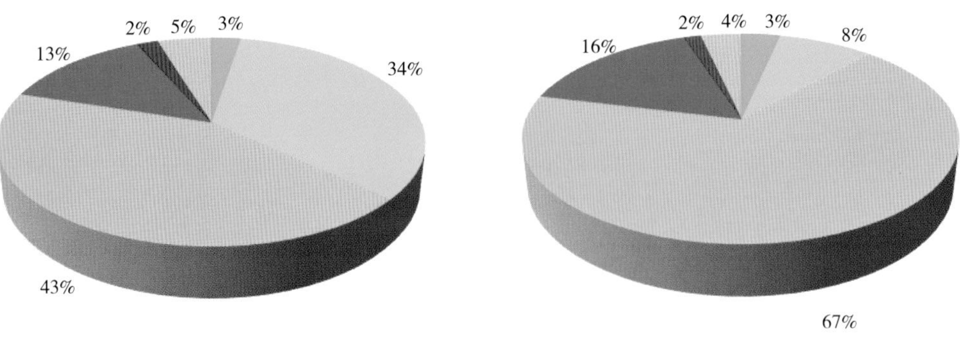

图 3.8 1988 年和 1993 年研究区各土地利用类型占比

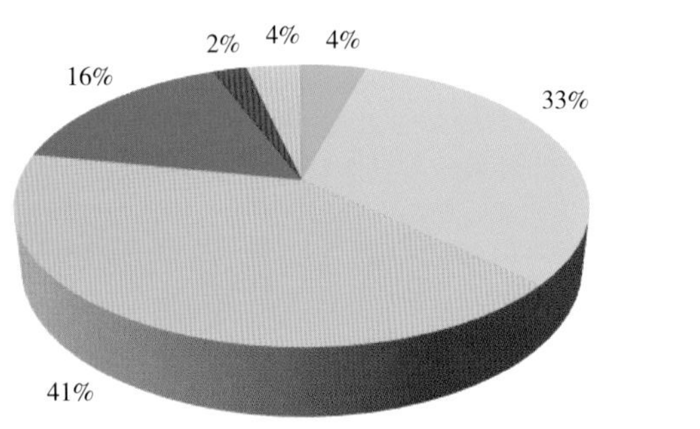

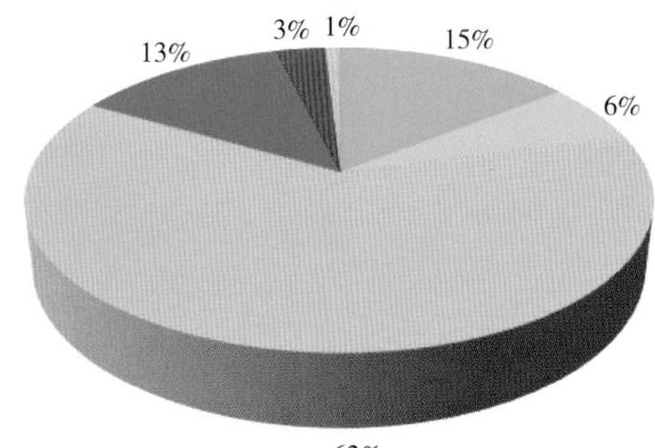

图 3.9 1999 年和 2004 年研究区各土地利用类型占比

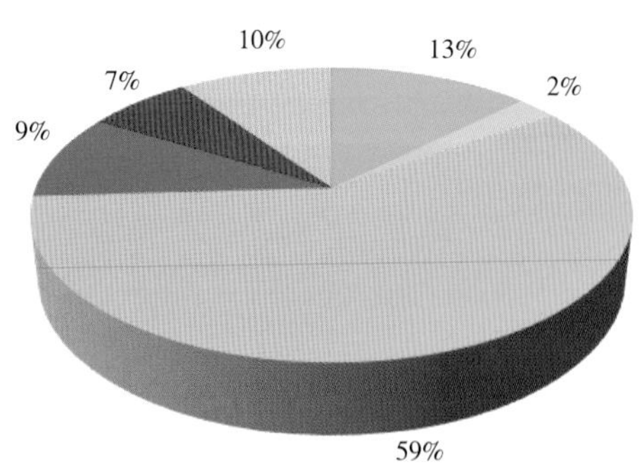

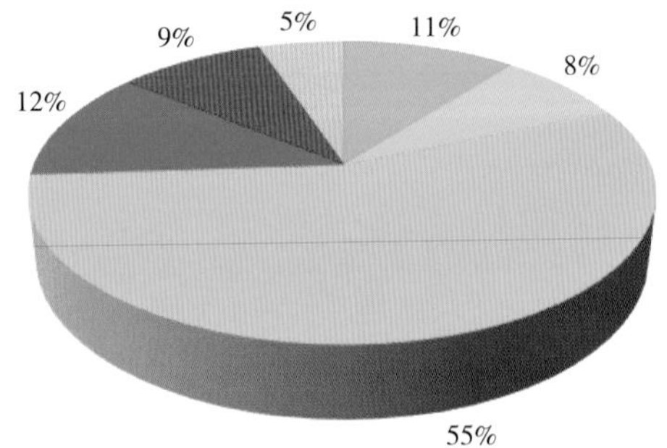

图 3.10 2009 年和 2014 年研究区各土地利用类型占比

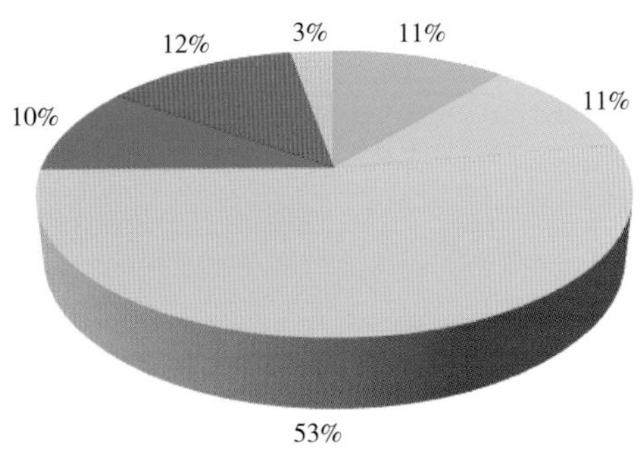

图 3.11　2018 年研究区各土地利用类型占比

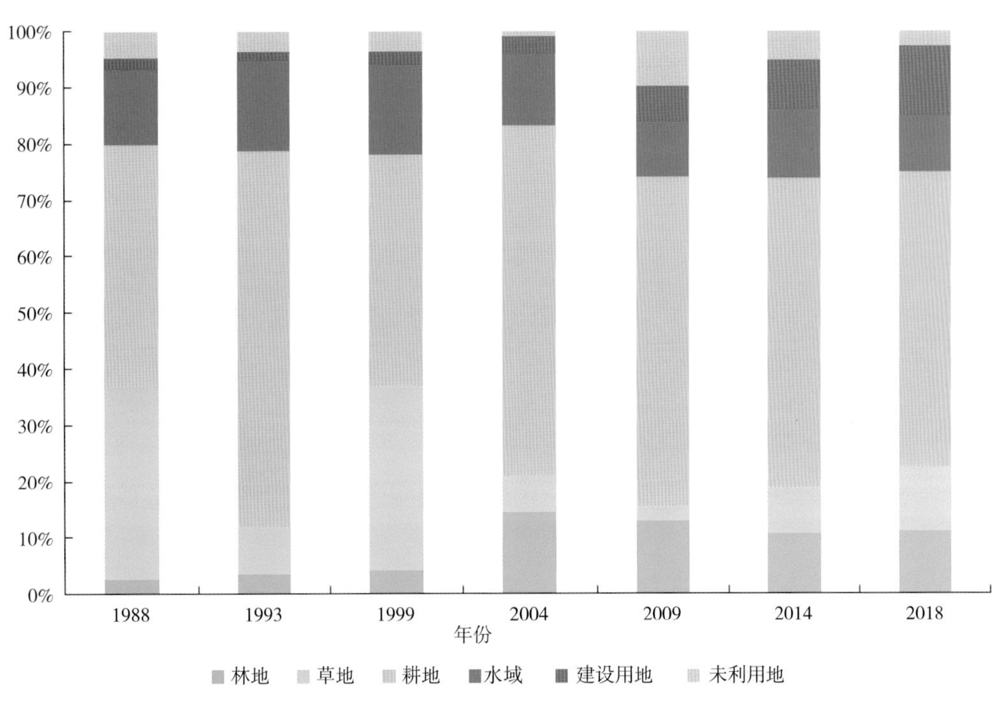

图 3.12　1988—2018 年研究区各土地利用组成变化

第三节　滨岸缓冲带各土地利用类型变化

本节进一步分析了各土地利用类型变化特征，结果表明，1988—2018 年草地面积波动幅度较显著，总体上为减少趋势，其面积共减少 40 406.22 hm^2，年变化率为 2.23%。其中，1999—2009 年草地面积下降趋势最显著，下降了 53 392.36 hm^2，年变化率为 9.23%；2009—2018 年草地面积有所增加，这一阶段共增加了 15 618.72 hm^2，年变化率为 38.79%（图 3.13）。

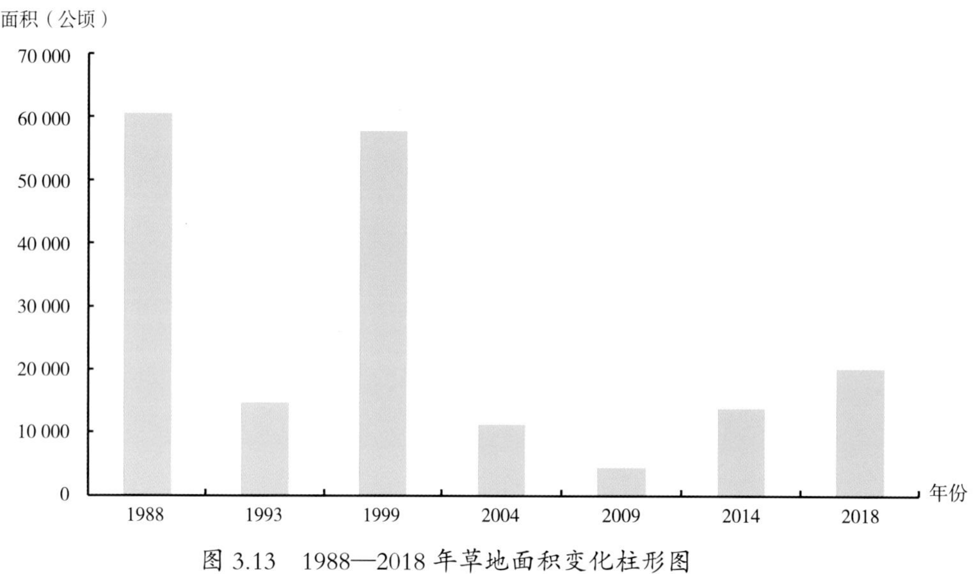

图 3.13　1988—2018 年草地面积变化柱形图

1988—2018 年，鄱阳湖滨岸 2 000 米缓冲带建设用地面积总体呈现持续增加的趋势，共增加了 18 654.83 hm^2，年均增长率为 6.40%。2004 年为突变年份，此后增加的趋势更为显著。产生这一转变的原因主要与城市化进程的加快，大量的耕地、草地和林地等生态用地逐渐转变为建设用地有关（图 3.14）。

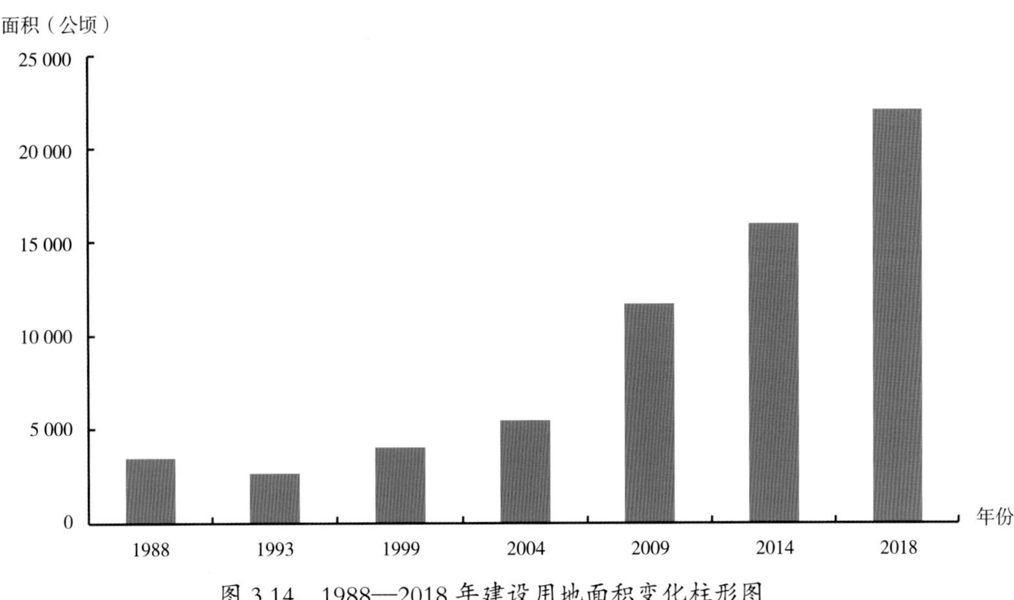

图 3.14　1988—2018 年建设用地面积变化柱形图

过去三十年，鄱阳湖滨岸 2 000 米缓冲带耕地和林地的变化幅度也较大，耕地面积共增加 16 504.90 hm^2；林地面积共增加 15 184.44 hm^2。2004 年之前，耕地面积呈先增加后减少的趋势；2004 年之后，耕地面积呈持续稳定递减趋势。与此同时，2004 年之前林地面积在持续增加，2004 年之后林地面积总体上在减少（图 3.15、图 3.16）。

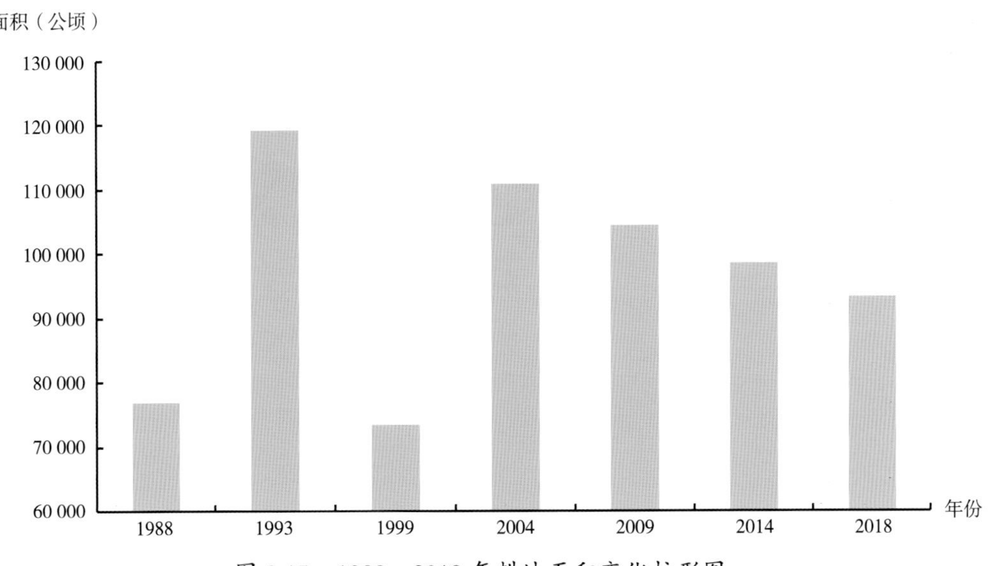

图 3.15　1988—2018 年耕地面积变化柱形图

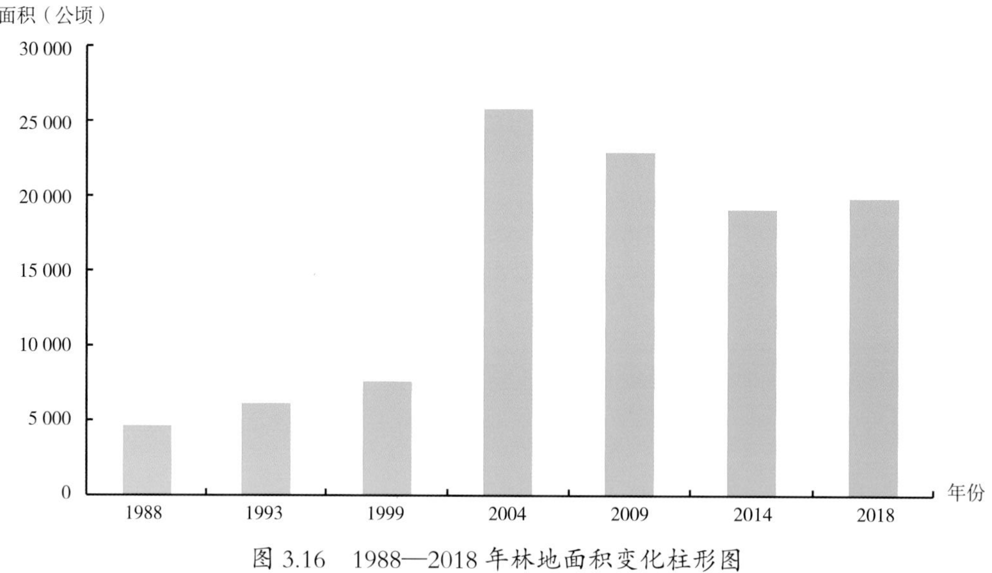

图 3.16　1988—2018 年林地面积变化柱形图

过去三十年，鄱阳湖滨岸 2 000 米缓冲带水域面积变化幅度较小，总体上呈先增加后减少趋势，其面积共减少 6 234.41 hm^2。未利用地面积变化波动较大，其面积共减少 3 703.54 hm^2，1988—2004 年其面积总体上在逐渐减少，2004 年未利用地面积达最小值，2004—2009 年其面积突然剧增，2009 年达最大值，2009 年之后其面积又呈持续减少趋势（图 3.17 至图 3.18）。

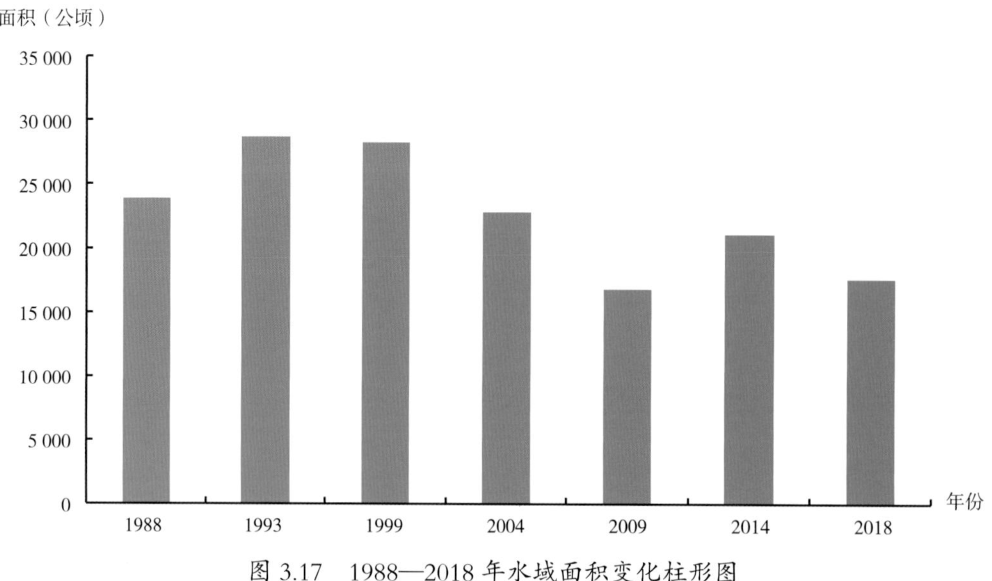

图 3.17　1988—2018 年水域面积变化柱形图

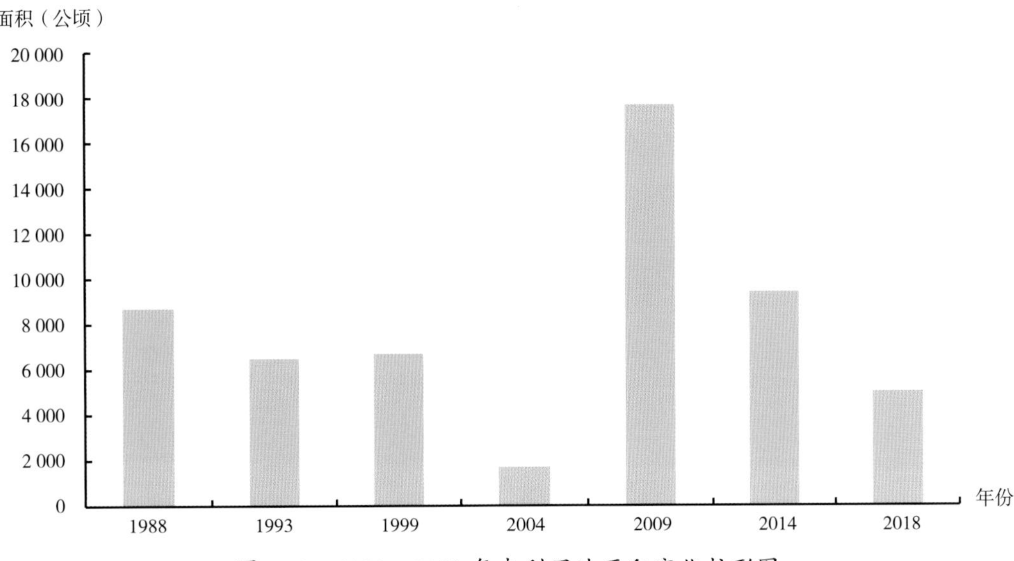

图 3.18　1988—2018 年未利用地面积变化柱形图

第四章

环湖围垦水体空间分布与演变

鄱阳湖主要接纳赣江、抚河、修河、信江、饶河来水，湖周河网密布，其围垦水体主要位于主湖区周边的五河尾闾沿岸平原，按地理位置可将围垦水体分为河湖交汇区的围垦水体、隔离湖汊方式的围垦水体这 2 种类型。河湖交汇区的围垦水体主要分布在河流尾闾沿岸低地与河口三角洲后缘；隔离湖汊方式的围垦水体，以筑堤建闸等方式隔离万亩以上的大型湖汊和大湖汊内的小汊为多，主要分布在主湖区周边，并与主湖区用堤坝隔开，即围垦水体与主湖区水体不能自由交换。基于此特征确定的研究范围在北纬 28° 21′ 至 29° 45′，东经 115° 45′ 至 116° 54′ 之间（图 4.1）。研究区域主要属于现今江西省的湖口县、濂溪区、庐山市、共青城市、永修县、都昌县、新建区、南昌市市区（仅包含青山湖区和东湖区）、南昌县、进贤县、余干县和鄱阳县 12 个地区。本章节的围垦水体，主要包括鱼类养殖水体、蚌类养殖水体以及虾蟹养殖水体等，不涉及河流、水渠等流动性水体及城市内的自然景观水体。

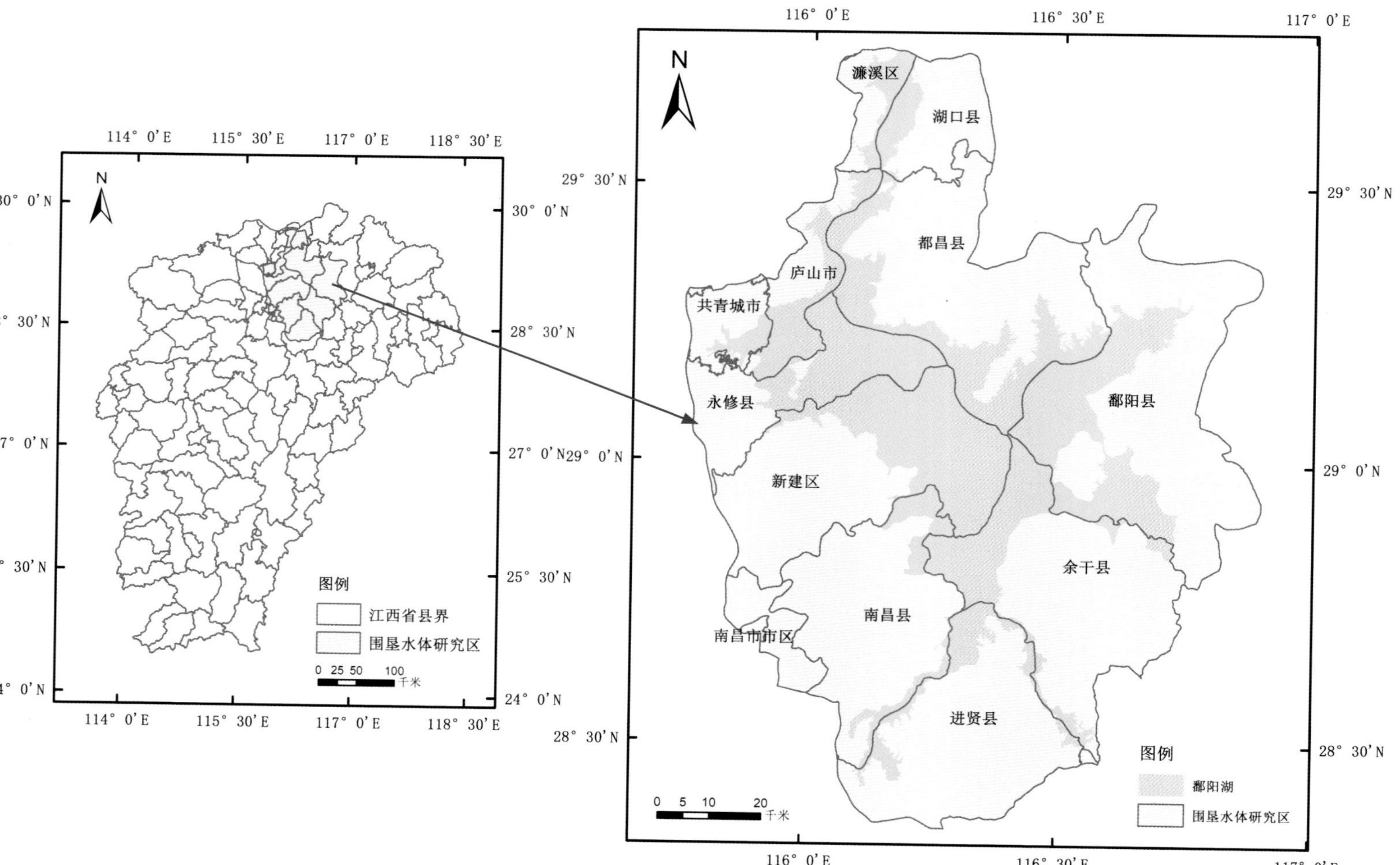

图 4.1 围垦水体研究区地理位置

图 4.2　围垦水体遥感影像

依据星子站水文数据选择对应日期的影像，选择水位在 15.46~16.67m 对应日期质量较好的影像，影像日期和对应水位高度如表 4.1 所示。所有影像均来源于地理空间数据云（http://www.gscloud.cn/）和美国地质调查局（USGS）官网（http://www.usgs.gov/），收集研究区 1988—2019 年部分 Landsat 影像，每隔 5 年左右选取一幅，共 7 幅。所有影像经过辐射校正和几何校正、裁剪等数据预处理操作后，得出实验区数据（图 4.3 至图 4.9）。与第二章处理方法一致，采用 SVM 法执行监督分类，区分研究区水体和非水体信息，然后再结合实地调研经验与目视解译真实影像，提取出围垦水体信息。对分类结果进行精度评价，选择混淆矩阵法评价分类结果，以总体精度 (Overall Accuracy)、Kappa 系数 (Kappa Coefficient) 两项评价指标进行精度评估。结果表明，7 个年份数据的分类总体精度均高于 99%，Kappa 系数也高于 0.98。

表 4.1 影像来源及对应的星子站水位

影像日期	传感器	星子站水位 (m)
1988.10.16	Landsat 5 TM	15.97
1995.09.02	Landsat 5 TM	16.67
2000.11.02	Landsat 5 TM	16.24
2004.08.09	Landsat 5 TM	16.56
2008.08.20	Landsat 5 TM	16.31
2014.10.08	Landsat 8 OLI	15.46
2019.08.19	Landsat 8 OLI	15.57

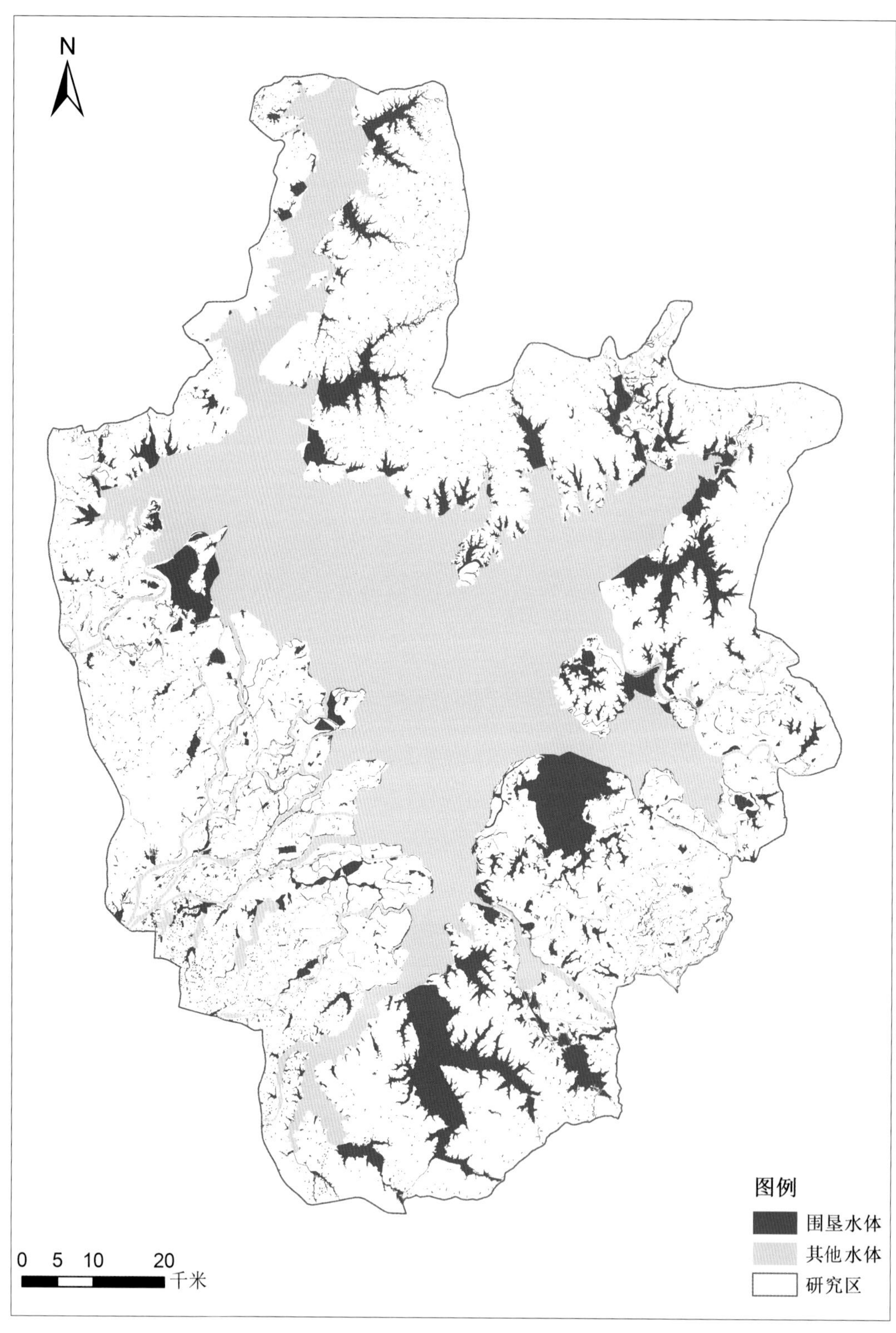

图 4.3 1988 年围垦水体分布图

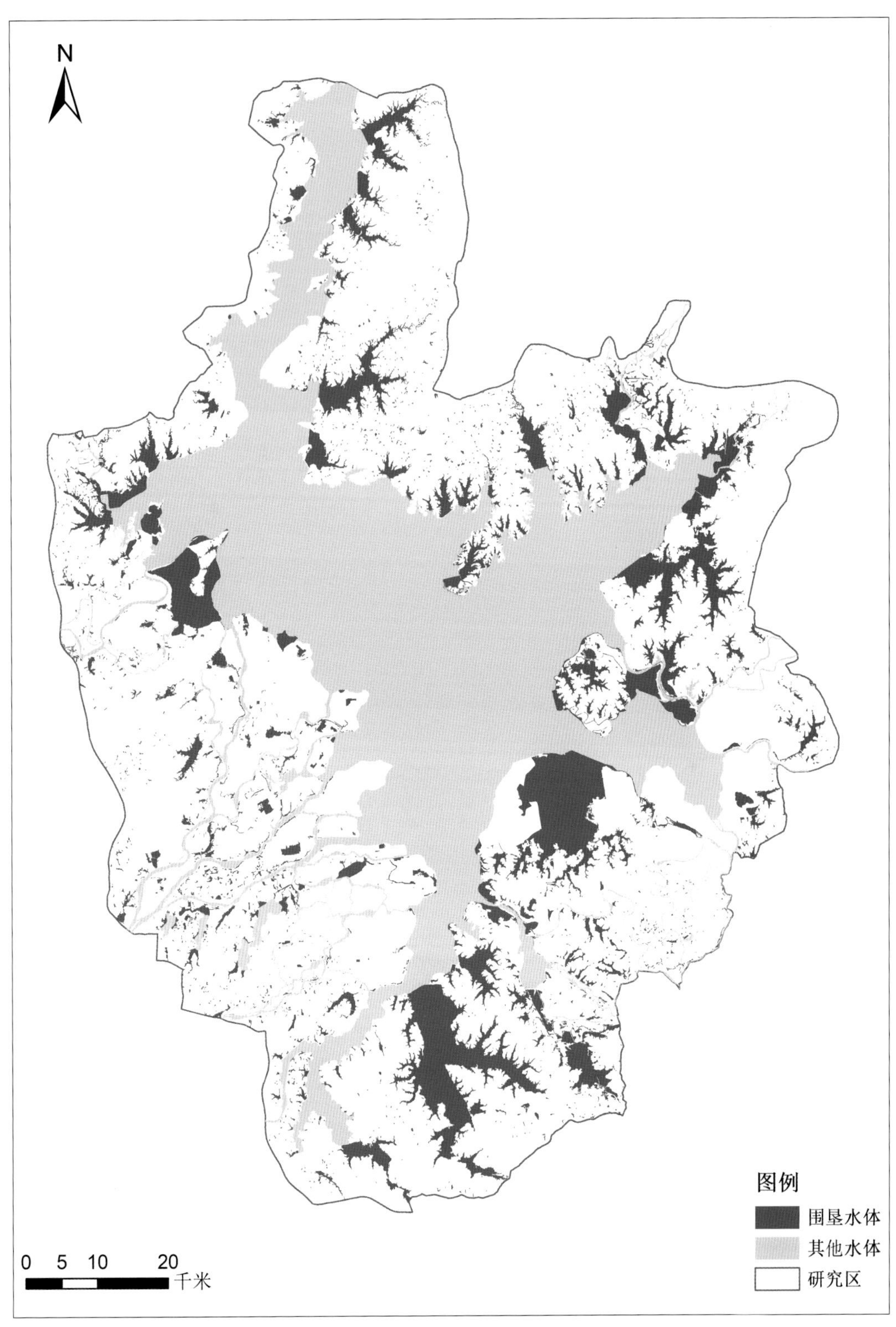

图 4.4 1995 年围垦水体分布图

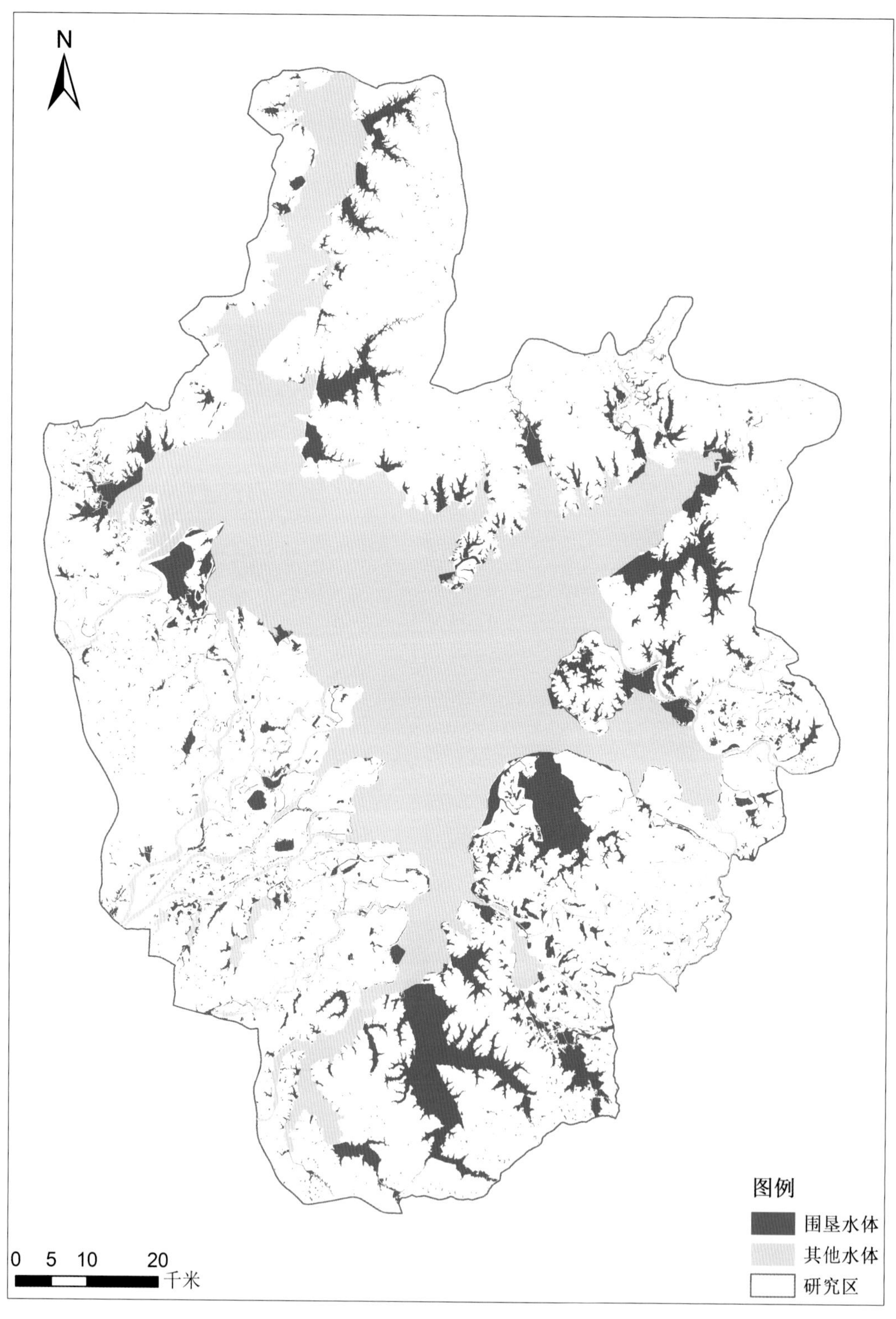

图 4.5 2000 年围垦水体分布图

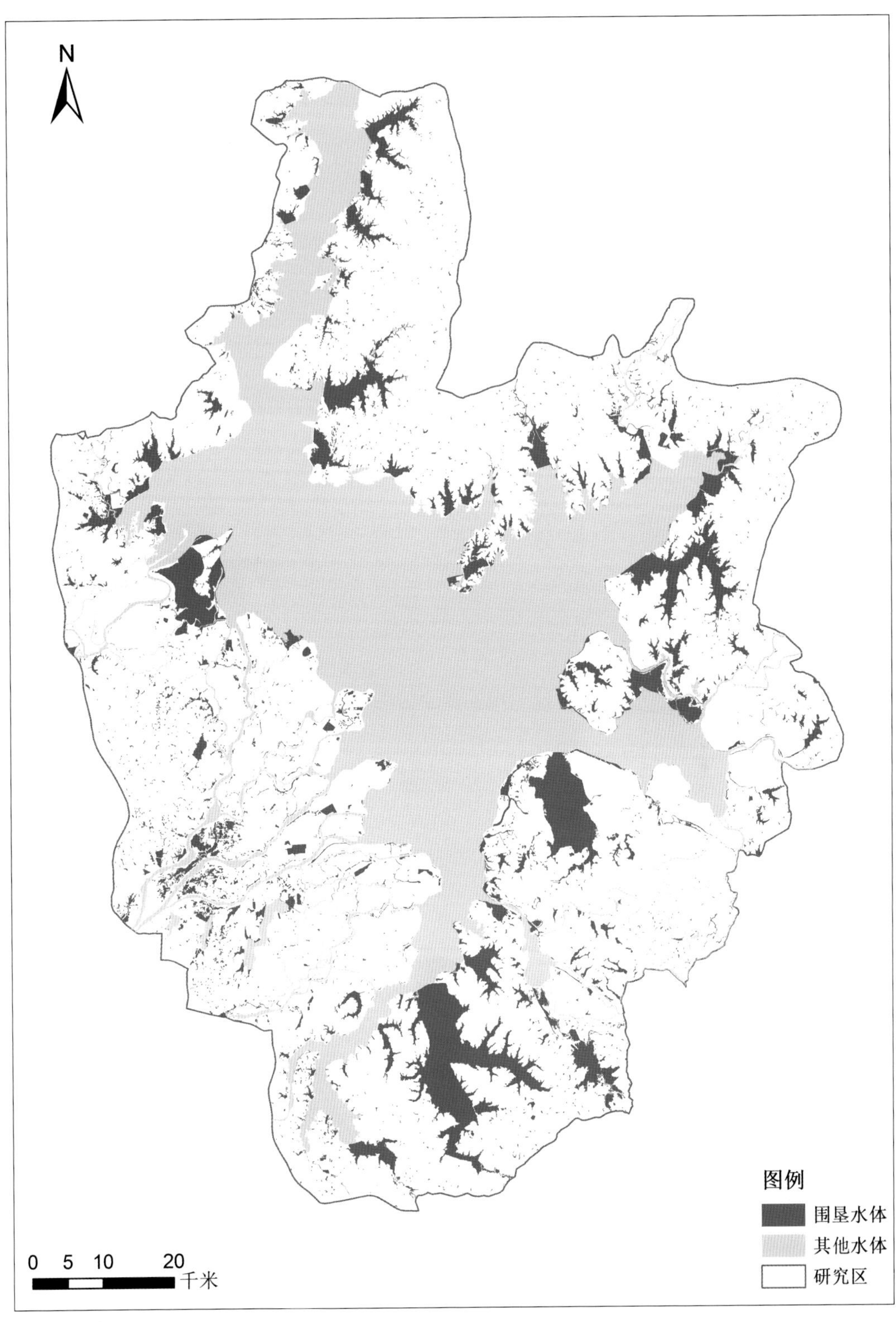

图 4.6　2004 年围垦水体分布图

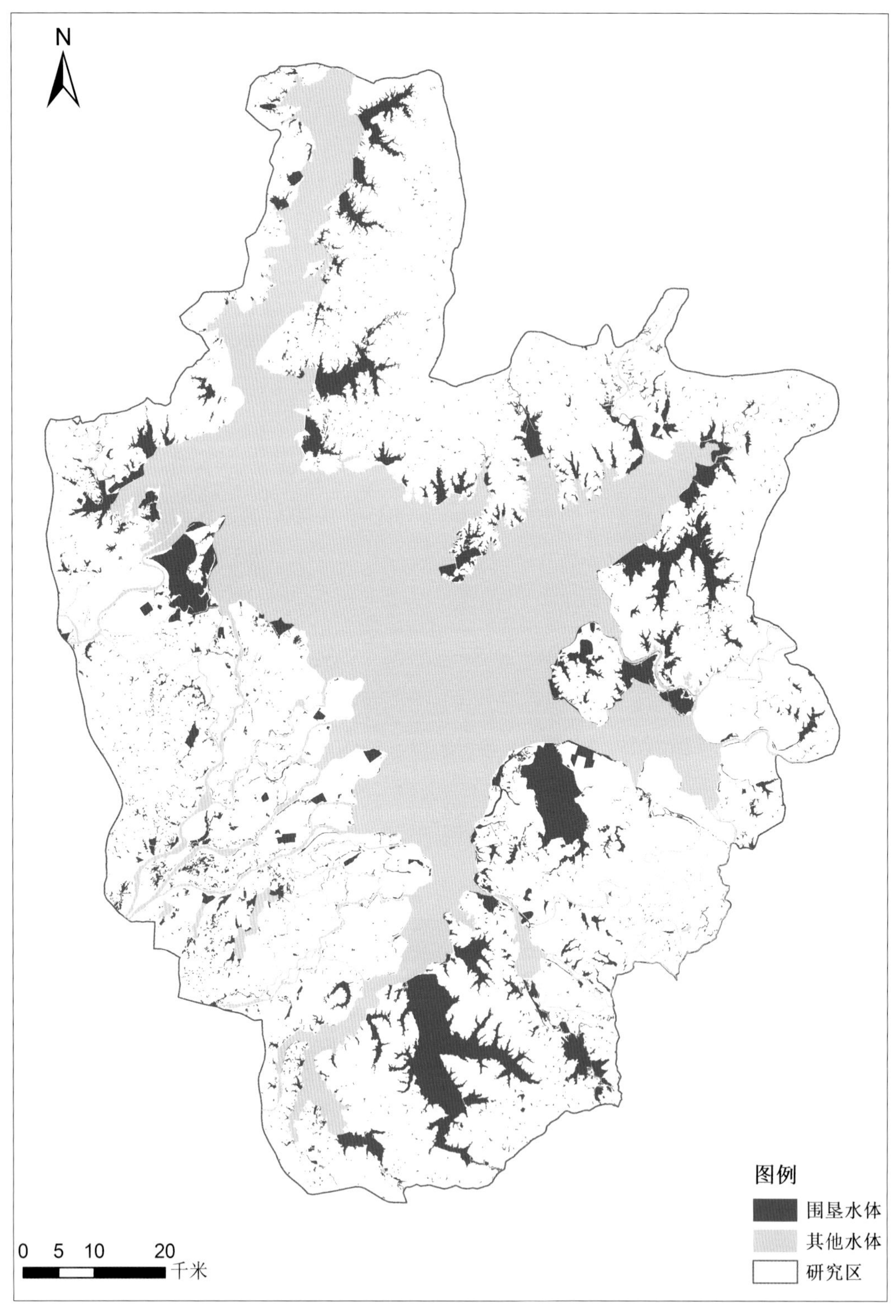

图 4.7 2008 年围垦水体分布图

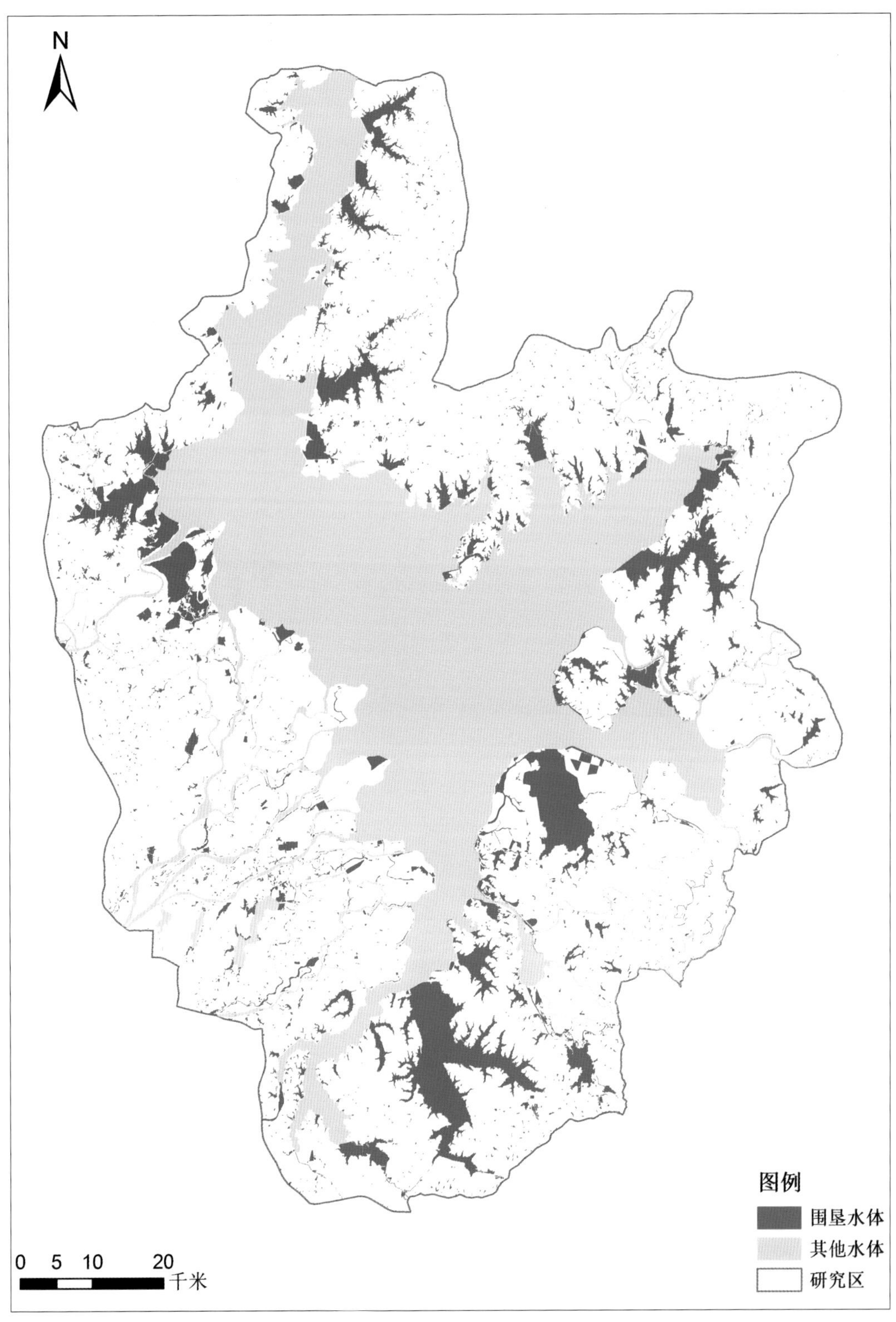

图 4.8 2014 年围垦水体分布图

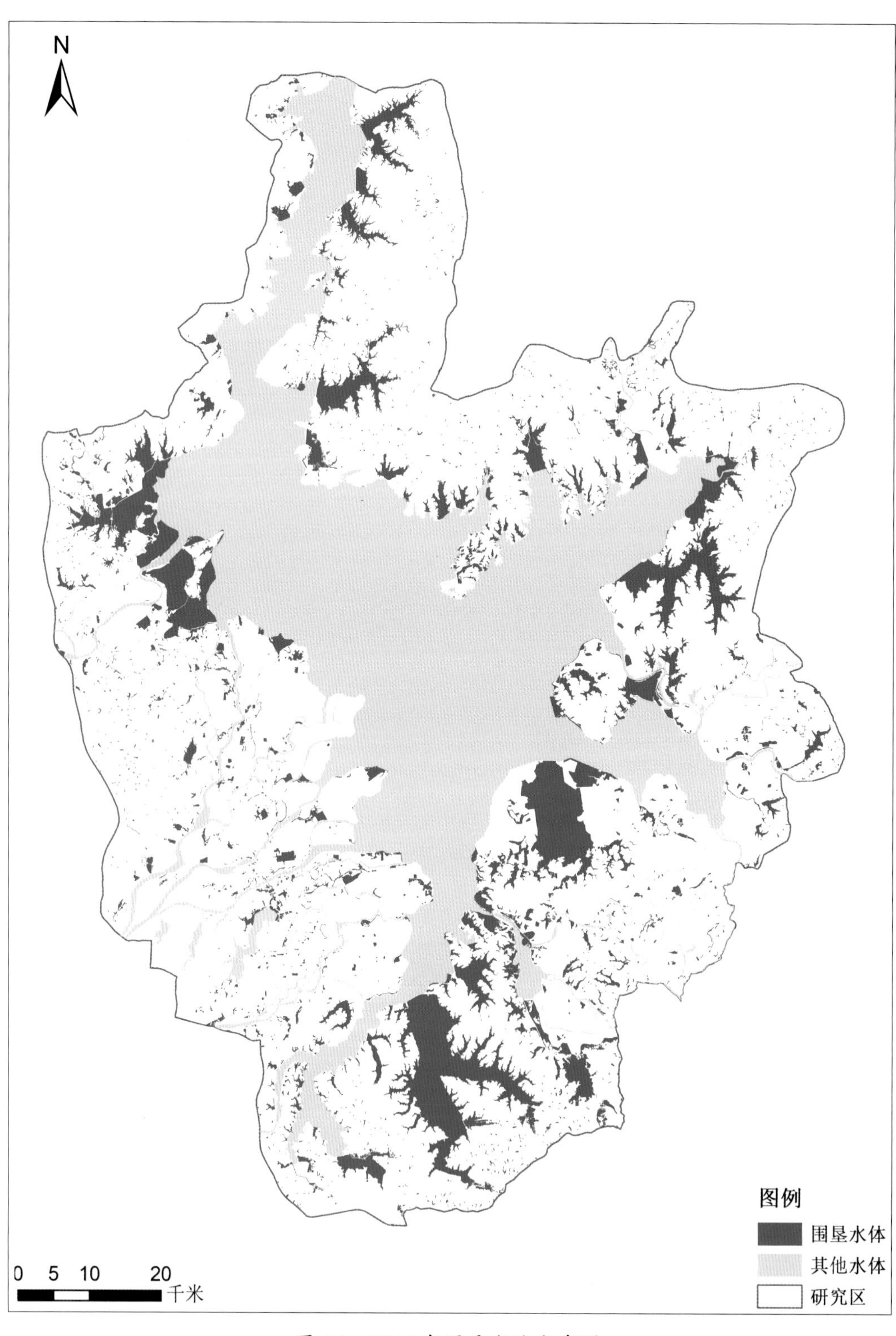

图 4.9　2019 年围垦水体分布图

第一节　围垦水体总体变化特征

本章进一步对历年围垦水体面积进行了统计分析，并绘制了鄱阳湖区围垦水体面积变化统计图（图 4.10）。结果表明，1988—2019 年研究区围垦水体面积总体上减少了 5 802 hm^2，面积变化率为 4.84%。具体表现为，1988—1995 年围垦水体面积增加了 2 591 hm^2，增幅为 2.16%。1995 年围垦水体面积达最高值，为 122 414 hm^2。1995—2014 年围垦水体面积总体上呈持续减小趋势，这一期间共减少了 23 487 hm^2；其中 1995—2000 年围垦水体面积减小的幅度最显著，减少了 14 894 hm^2，减幅为 12.17%。2014 年围垦水体总面积达最小值，仅有 98 927 hm^2。2014—2019 年围垦水体面积变化较显著，增加了 15 095 hm^2，变化率高达 15.26%。

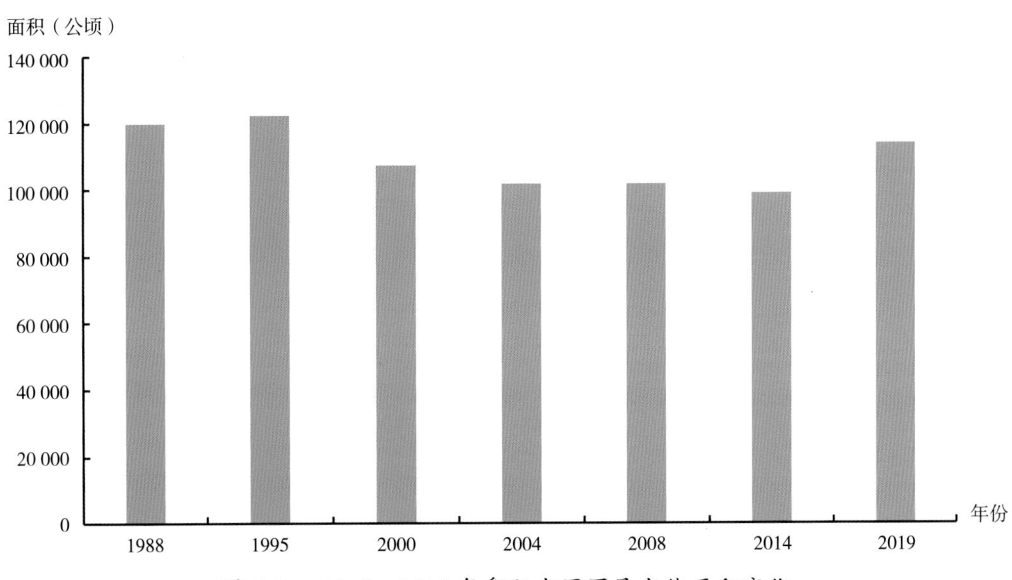

图 4.10　1988—2019 年鄱阳湖区围垦水体面积变化

第二节 不同区县围垦水体占比变化

按研究区所属的 12 个县（包括县级市、区）进行围垦水体面积统计，并绘制各区县围垦水体所占百分比图（图 4.11 至图 4.17）。结果表明，近三十年来围垦水体面积最大的地区为进贤县，其次是鄱阳县，进贤县围垦水体占总围垦水体面积比稳定在 20% 以上，鄱阳县围垦水体占比在 20% 上下浮动。余干县次于鄱阳县，其围垦水体面积较稳定，总体上所占比例在 16% 左右。都昌县围垦水体面积总体呈逐年减少的趋势，其面积所占百分比从 1988 年的 13% 减至 2019 年的 10%。1988 年南昌县围垦水体占总围垦水体 8%，至 2019 年减少为 6%。1988 年永修县围垦水体面积占比为 6%，2019 年增至 8%。新建区和湖口县变化较小，三十年来围垦水体面积占比稳定在 4%~ 5%。南昌市市区围垦水体在逐渐减少，从 2% 减至 1%。近三十年来，共青城市围垦水体增加最为显著，其面积占比从 2% 增至 6%。庐山市和濂溪区围垦水体面积较小，其中濂溪区围垦水体面积占比基本保持在 1%，庐山市围垦水体面积占比从 1% 增至 3%。

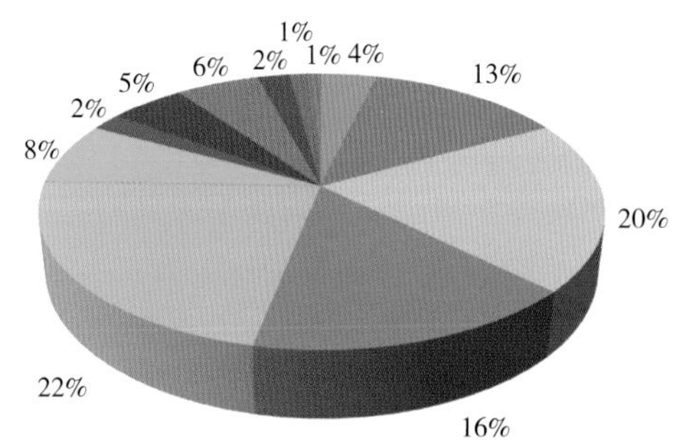

图 4.11 1988 年各区县围垦水体占比

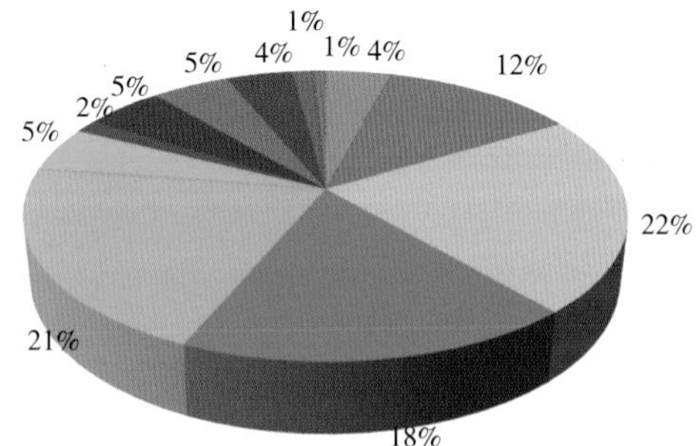

图 4.12 1995 年各区县围垦水体占比

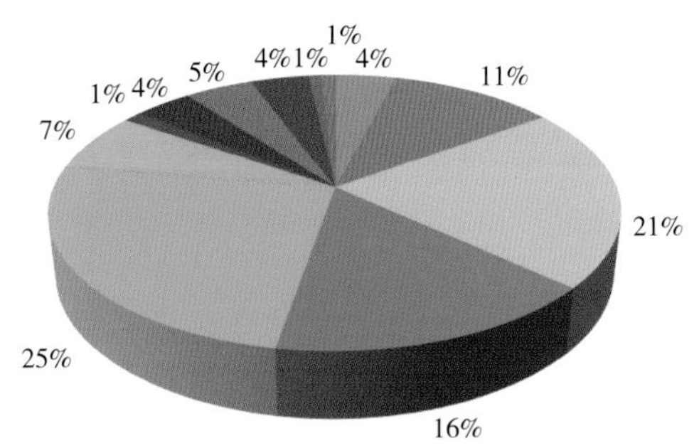

■湖口县 ■都昌县 ■鄱阳县 ■余干县 ■进贤县 ■南昌县
■南昌市市区 ■新建区 ■永修县 ■共青城市 ■庐山市 ■濂溪区

图 4.13　2000 年各区县围垦水体占比

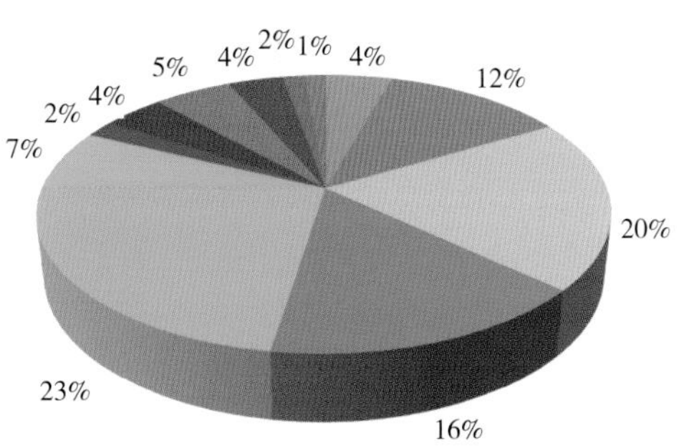

■湖口县 ■都昌县 ■鄱阳县 ■余干县 ■进贤县 ■南昌县
■南昌市市区 ■新建区 ■永修县 ■共青城市 ■庐山市 ■濂溪区

图 4.14　2004 年各区县围垦水体占比

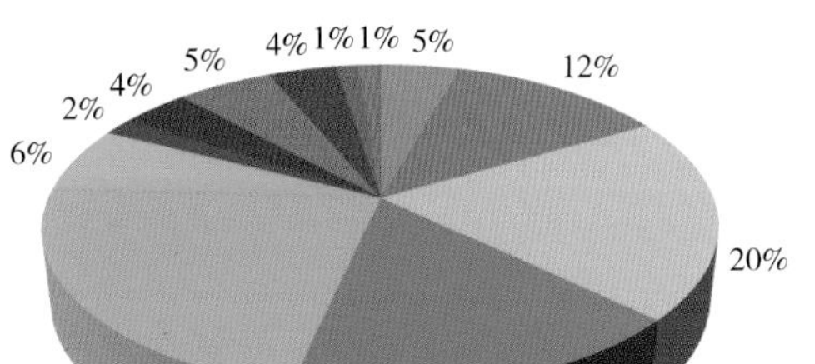

■湖口县 ■都昌县 ■鄱阳县 ■余干县 ■进贤县 ■南昌县
■南昌市市区 ■新建区 ■永修县 ■共青城市 ■庐山市 ■濂溪区

图 4.15　2008 年各区县围垦水体占比

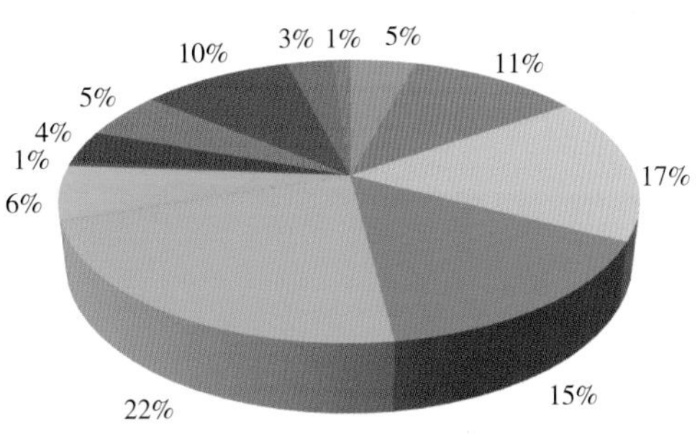

■湖口县 ■都昌县 ■鄱阳县 ■余干县 ■进贤县 ■南昌县
■南昌市市区 ■新建区 ■永修县 ■共青城市 ■庐山市 ■濂溪区

图 4.16　2014 年各区县围垦水体占比

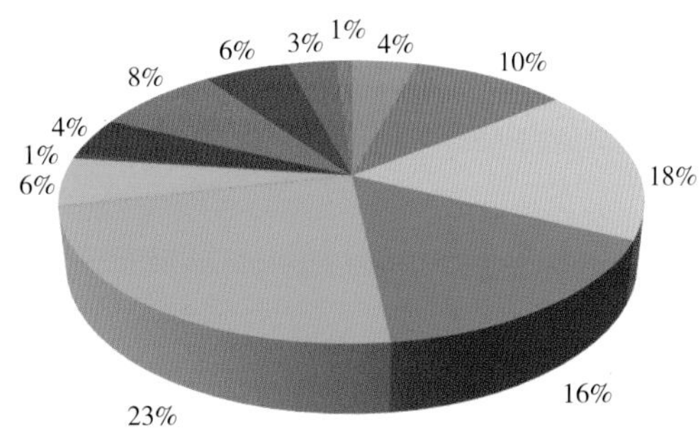

■湖口县 ■都昌县 ■鄱阳县 ■余干县 ■进贤县 ■南昌县
■南昌市市区 ■新建区 ■永修县 ■共青城市 ■庐山市 ■濂溪区

图 4.17　2019 年各区县围垦水体占比

第三节 不同区县围垦水体变化特征

1988—2019 年，鄱阳县、余干县、都昌县、南昌县、濂溪区、新建区和南昌市市区的围垦水体面积都呈现不同程度的减少趋势；而进贤县、湖口县、永修县、共青城市和庐山市的围垦水体面积则呈现不同程度的增加趋势。围垦水体面积最大的地区为进贤县，近年来其面积均保持在 22 759.73 hm^2 以上；其次是鄱阳县，其面积均保持在 17 621.00 hm^2 以上；围垦水体面积最小的地区为濂溪区，围垦水体变化幅度较小，其多年围垦水体面积平均值为 1 143.92 hm^2（图 4.18 至图 4.29）。

三十年来围垦水体变化较大的区域主要位于都昌县、鄱阳县、余干县、南昌县、南昌市、新建区、永修县、共青城市和庐山市。其中，围垦水体面积增加最显著的区域为庐山市，由 1 435.47 hm^2 增加至 3 826.41 hm^2，增幅为 166.56%；其次为共青城市，由 2 800.07 hm^2 增加至 6 562.84 hm^2，增幅为 134.38%。围垦水体面积减小幅度最大的区域为南昌市市区，其次为南昌县，南昌市围垦水体面积从 2 556.02 hm^2 降低至 595.04 hm^2，共减少了 1960.98 hm^2，降幅为 76.72%；南昌县围垦水体面积从 9 030.13 hm^2 降低至 6 556.14 hm^2，共减少了 2 473.99 hm^2，降幅为 27.40%。导致这一变化的主要原因是近些年城市空间快速扩张，大量围垦水体逐渐被建设用地替代，2000—2017 年南昌市建设用地增加量为 42 320.19 hm^2，增加的建设用地主要来自耕地和水域。

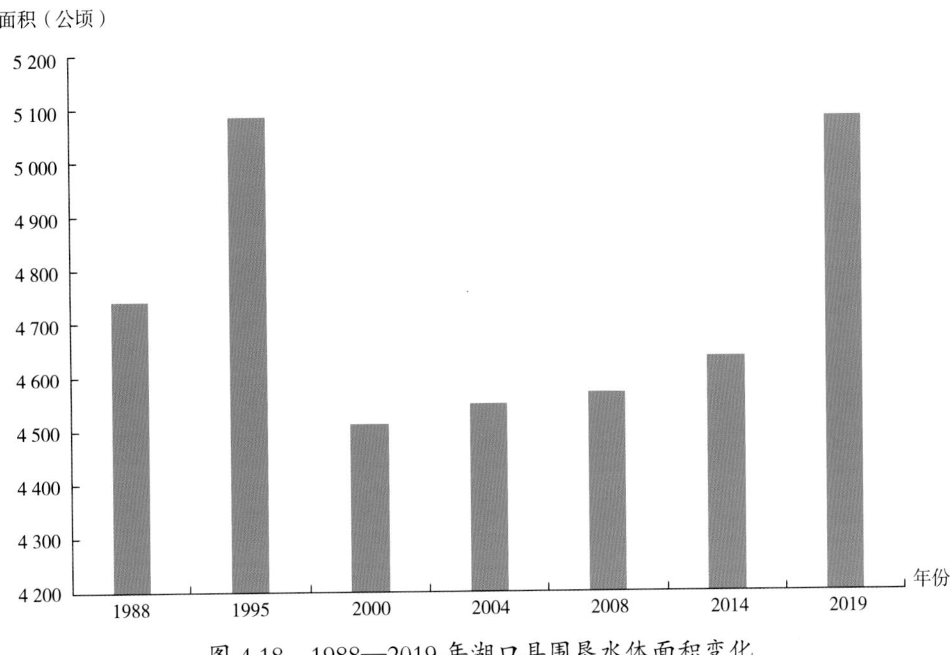

图 4.18　1988—2019 年湖口县围垦水体面积变化

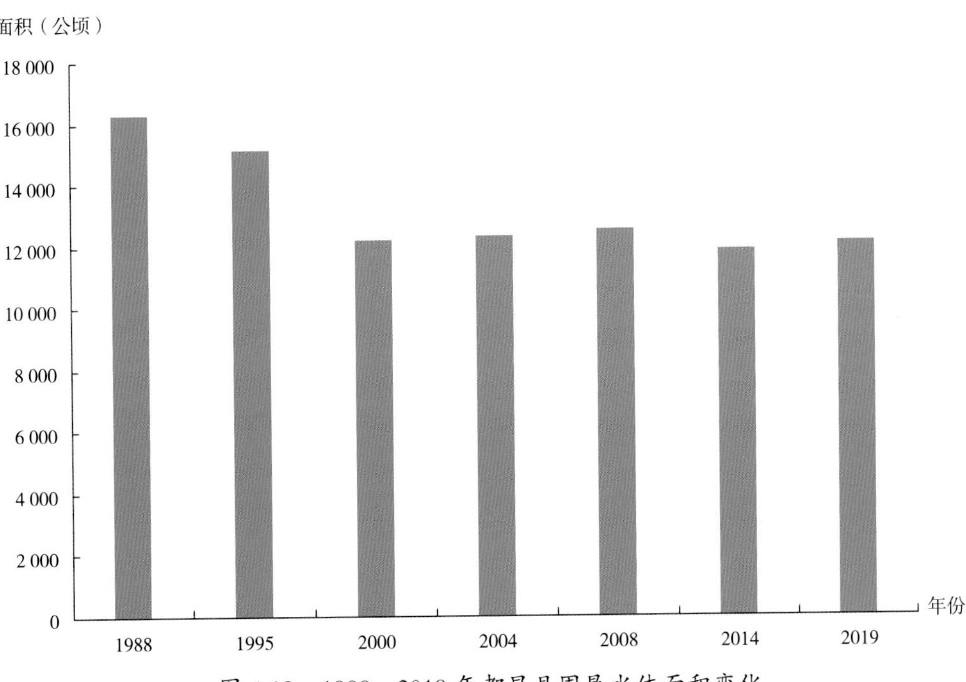

图 4.19　1988—2019 年都昌县围垦水体面积变化

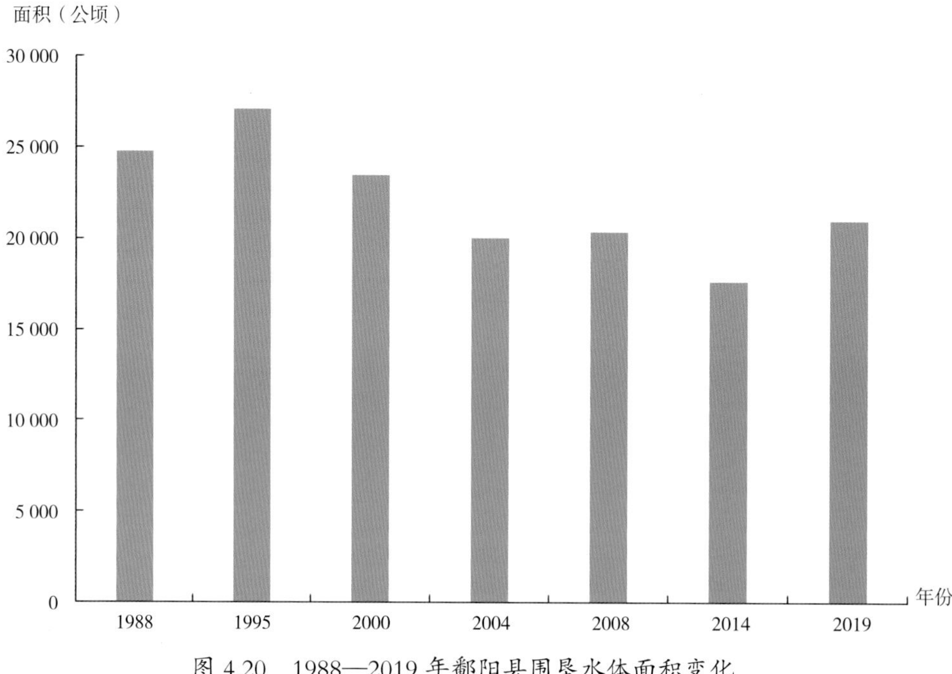

图 4.20　1988—2019 年鄱阳县围垦水体面积变化

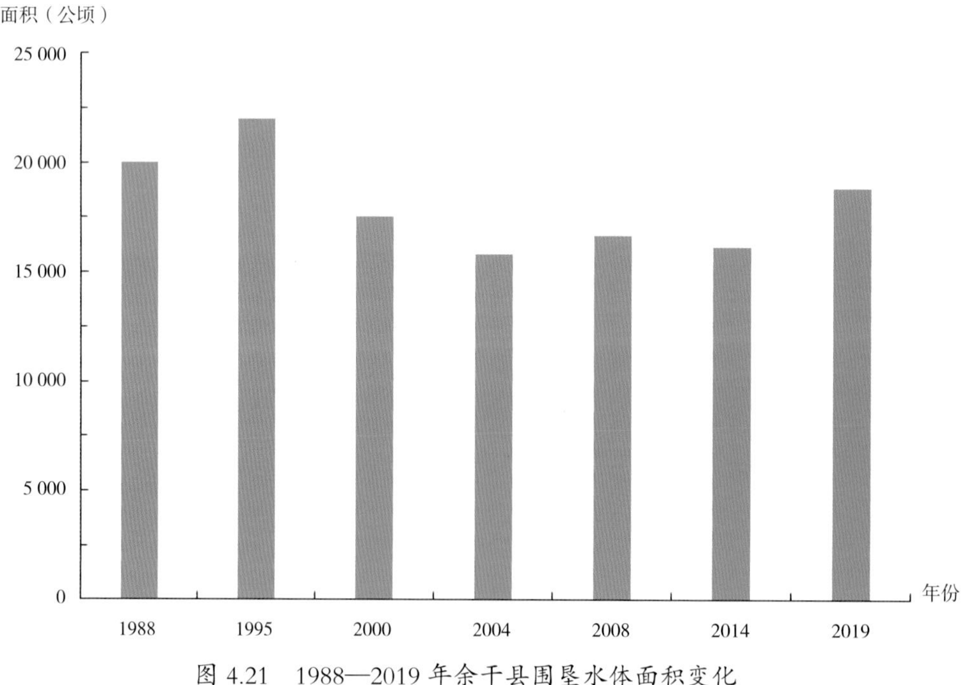

图 4.21　1988—2019 年余干县围垦水体面积变化

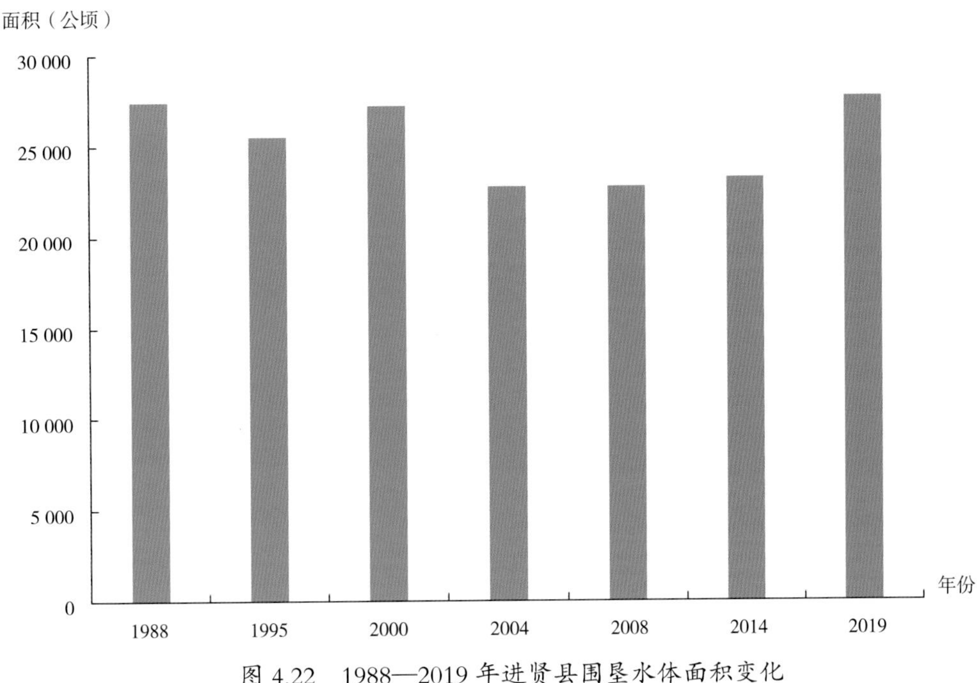

图 4.22　1988—2019 年进贤县围垦水体面积变化

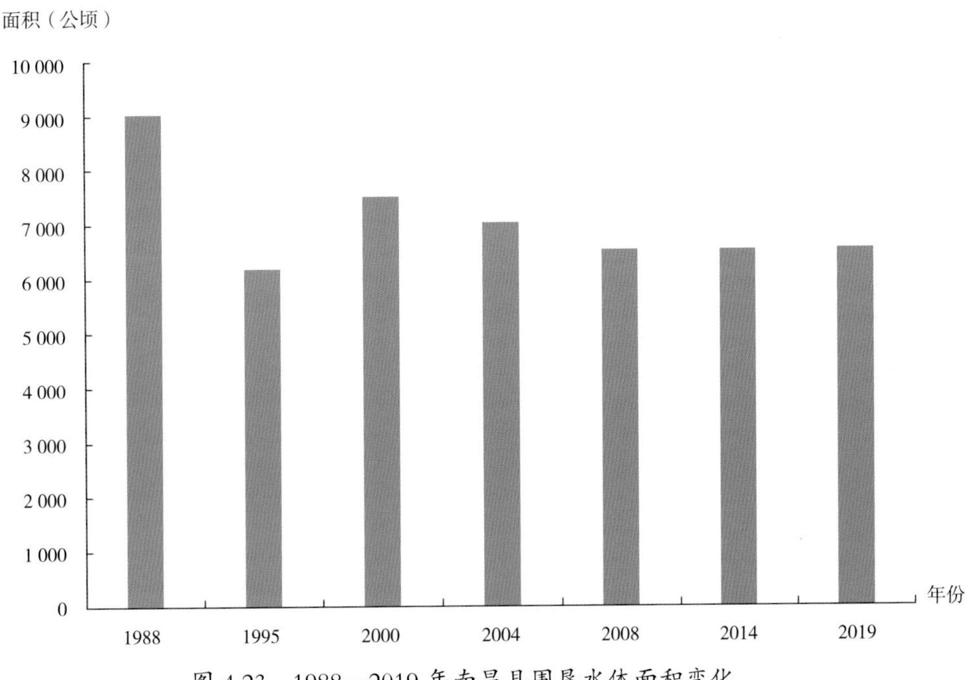

图 4.23　1988—2019 年南昌县围垦水体面积变化

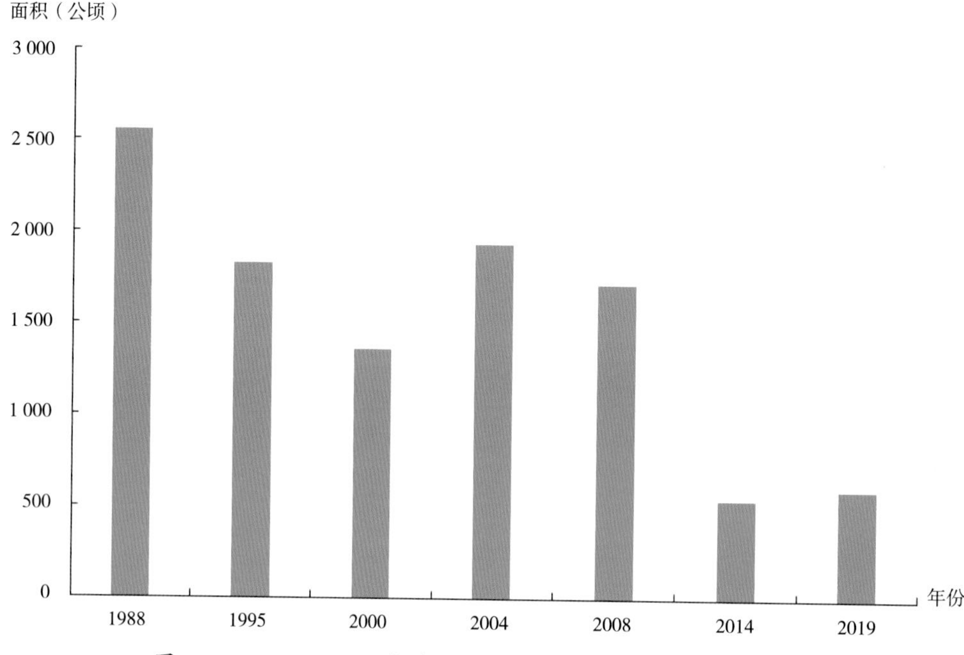

图 4.24　1988—2019 年南昌市市区围垦水体面积变化

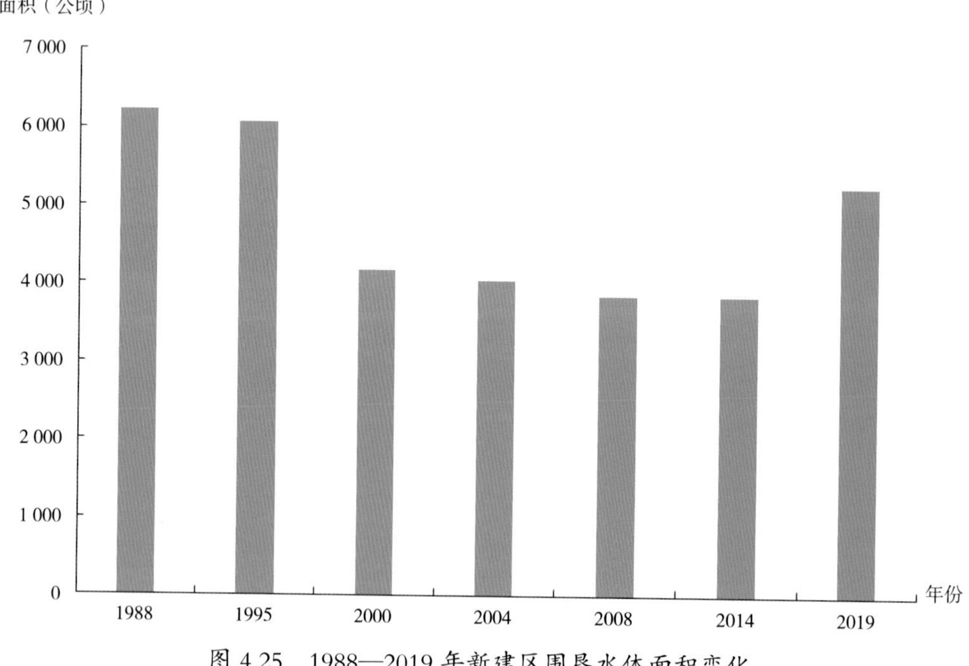

图 4.25　1988—2019 年新建区围垦水体面积变化

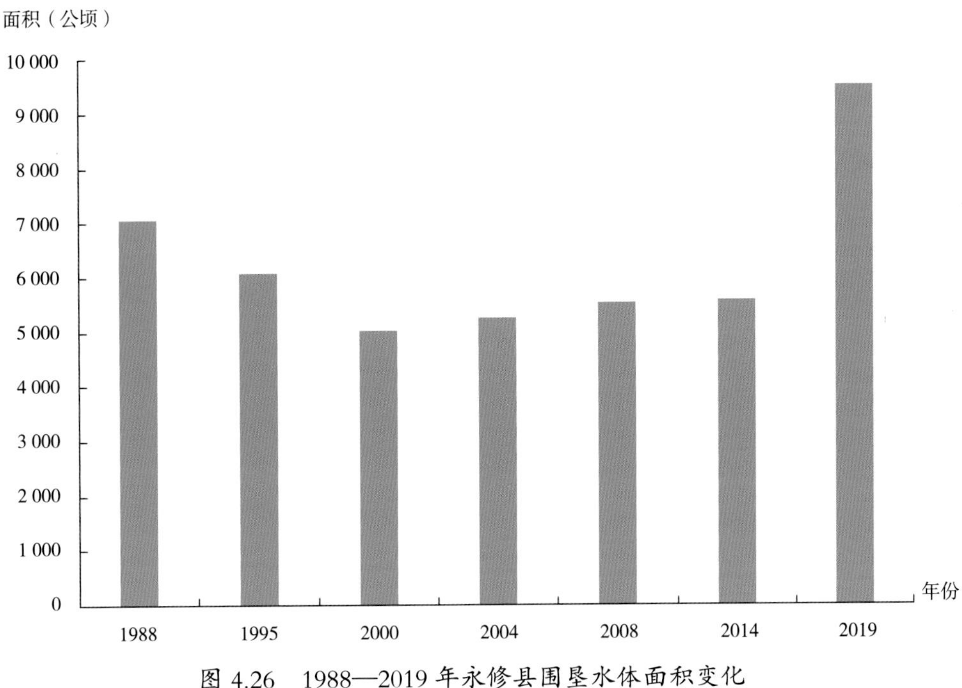

图 4.26　1988—2019 年永修县围垦水体面积变化

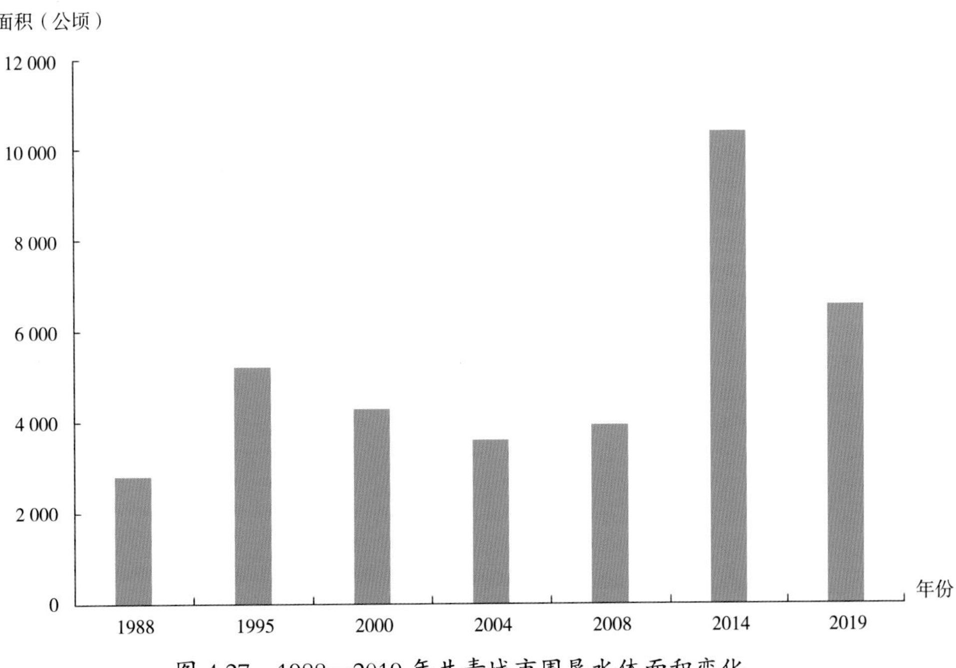

图 4.27　1988—2019 年共青城市围垦水体面积变化

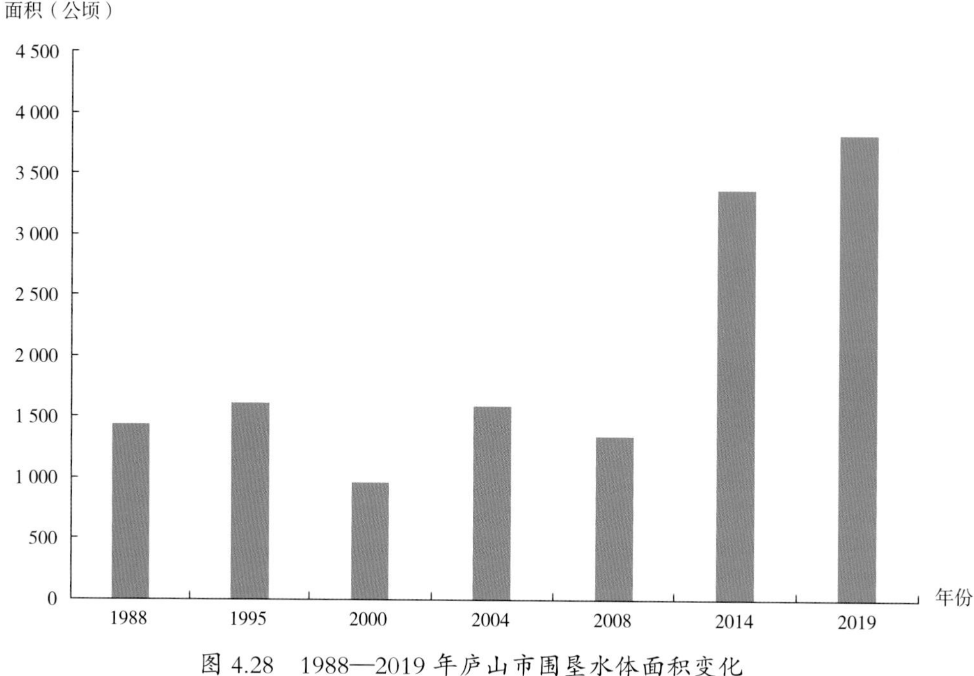

图 4.28　1988—2019 年庐山市围垦水体面积变化

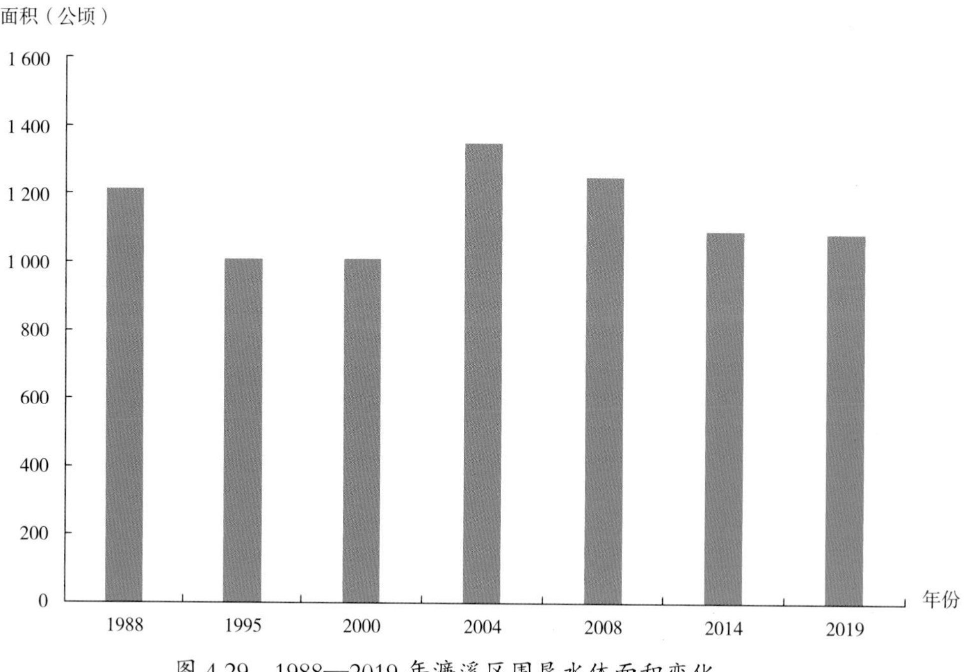

图 4.29　1988—2019 年濂溪区围垦水体面积变化

第五章

五河尾闾区空间范围与演变

本章主要对鄱阳湖五河尾闾区的主要河流入湖口区进行遥感演变监测，包括以下6个研究区：1. 赣江主支与修河入湖口区；2. 赣江中支入湖口区；3. 抚河入青岚湖区；4. 赣江南支、抚河、信江交汇区（以下简称“三江口区”）；5. 信江入湖口区；6. 饶河入湖口区（图5.1）。

由于水位波动强烈，不同季节存在很强的差异，为了突出显示河道变化特征以及河口区的洲滩冲淤变化，采用的数据均为10—12月份枯水期影像。五河尾闾区地貌类型复杂，故将研究区所有地物分为水体、植被、泥滩、其他等4种类型。本研究共收集了6期遥感数据，分别为1995年、1999年、2003年、2008年、2013年和2018年数据。数据的来源和处理过程与第二章相同，得到共6期五河尾闾区土地利用现状图。

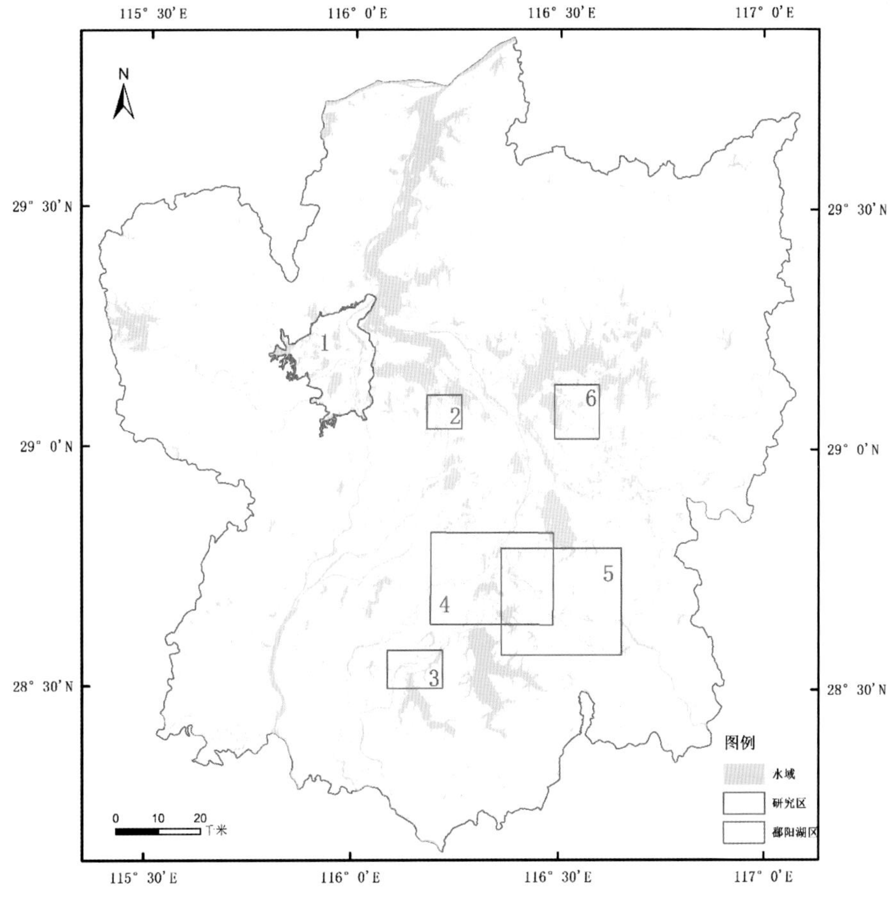

图5.1　五河尾闾研究区地理位置

第一节 赣江主支与修河入湖口区

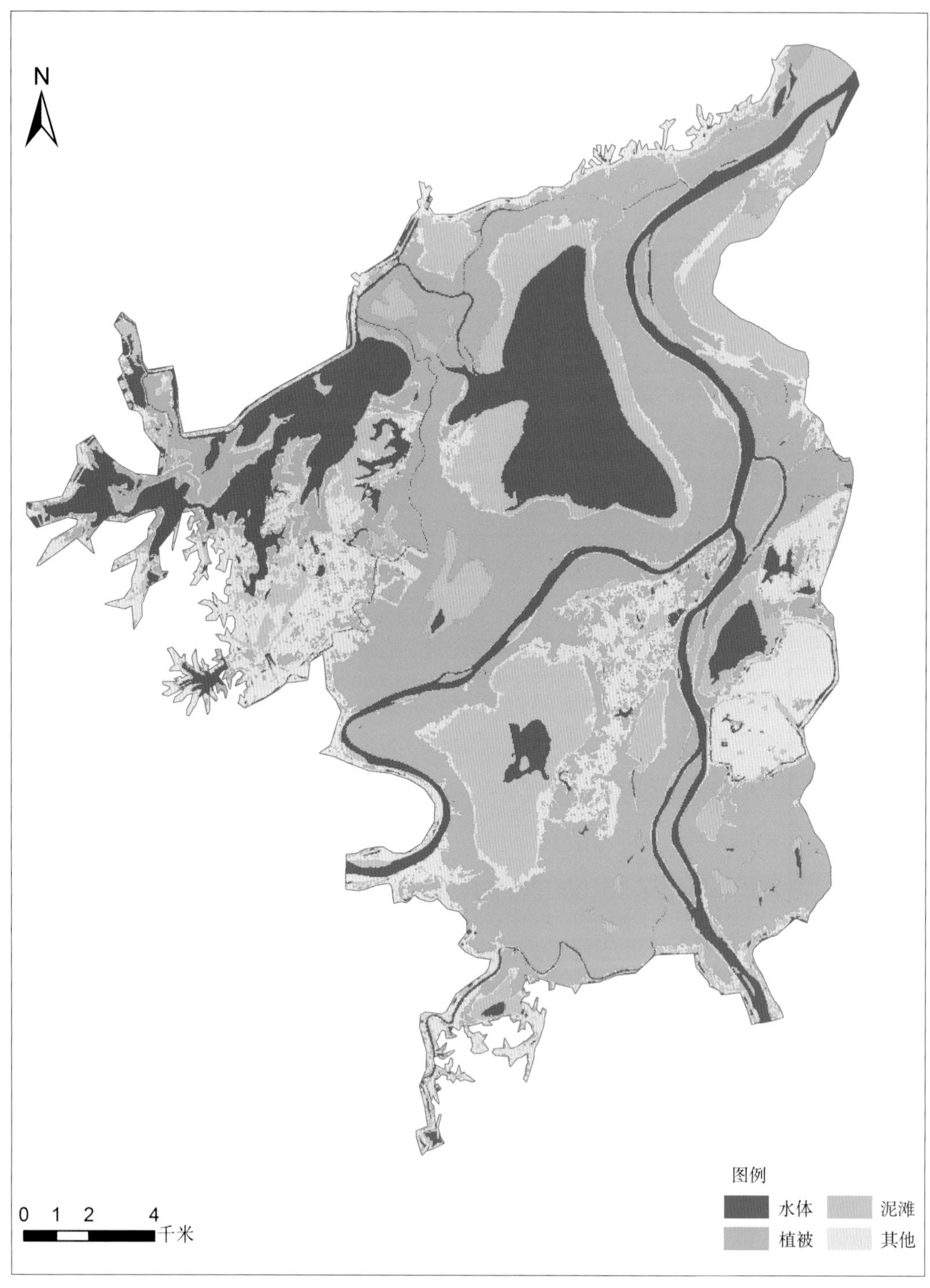

图 5.2 1995 年赣江主支与修河入湖口区遥感监测结果

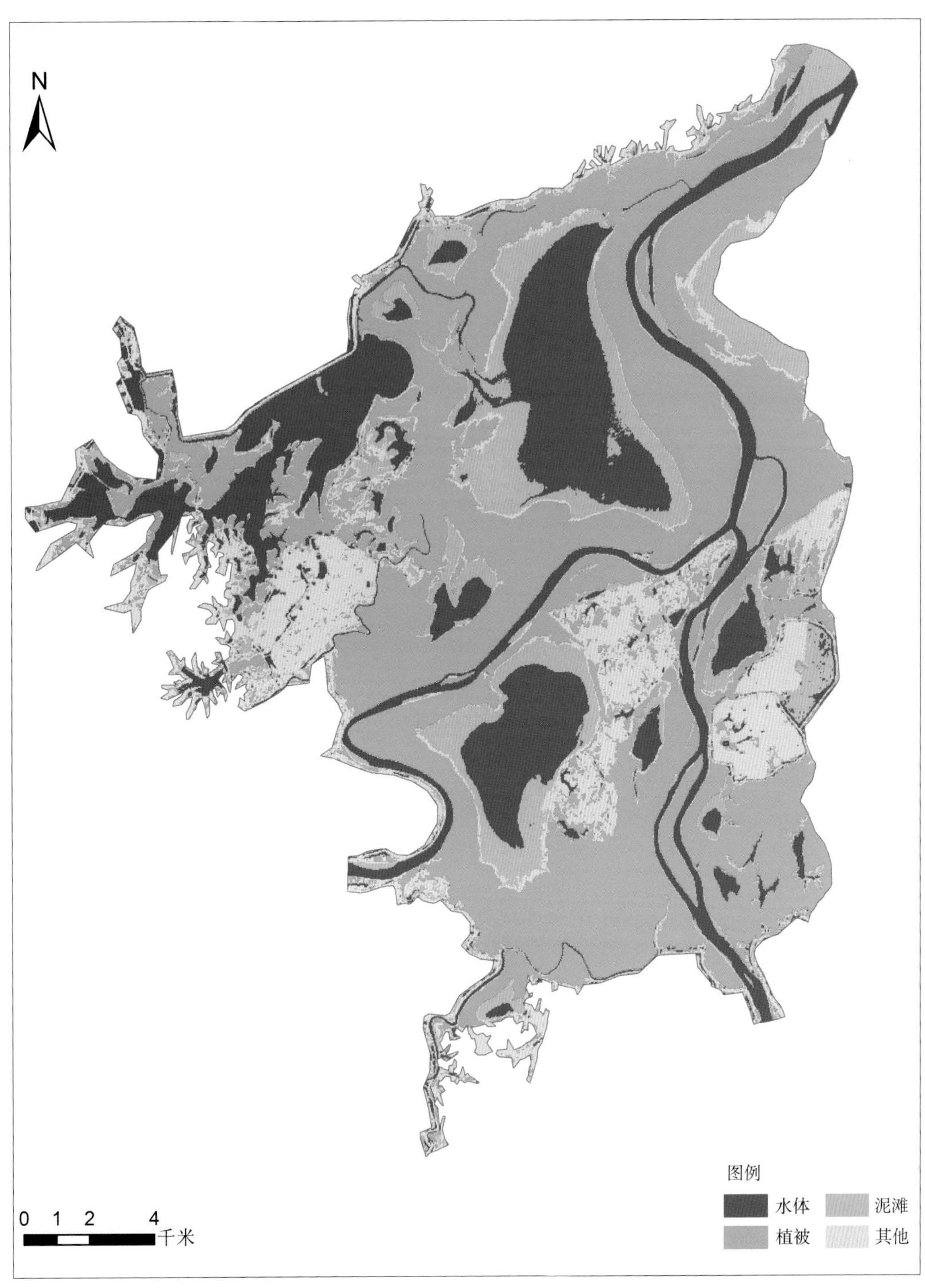

图 5.3　1999 年赣江主支与修河入湖口区遥感监测结果

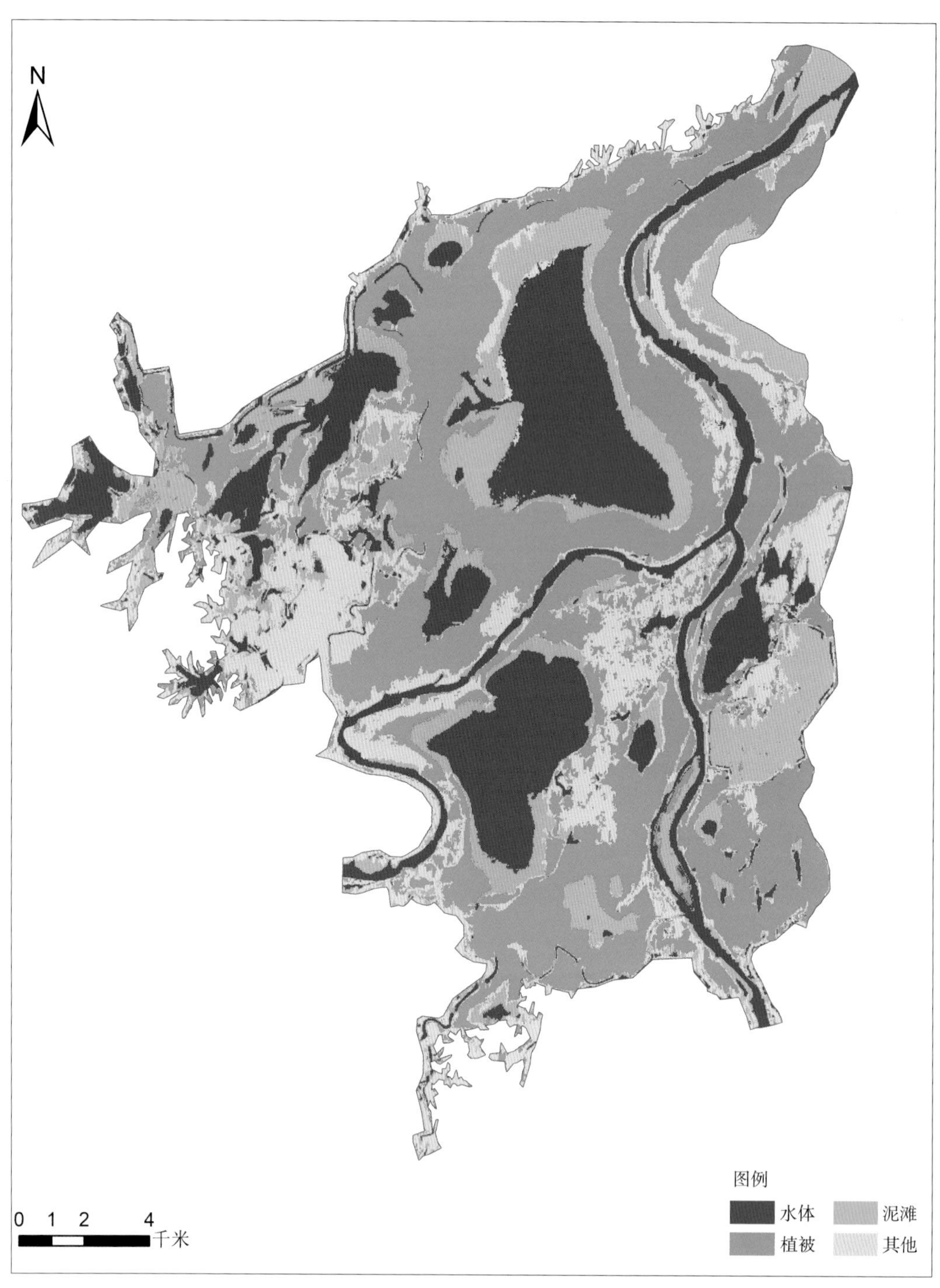

图 5.4 2003 年赣江主支与修河入湖口区遥感监测结果

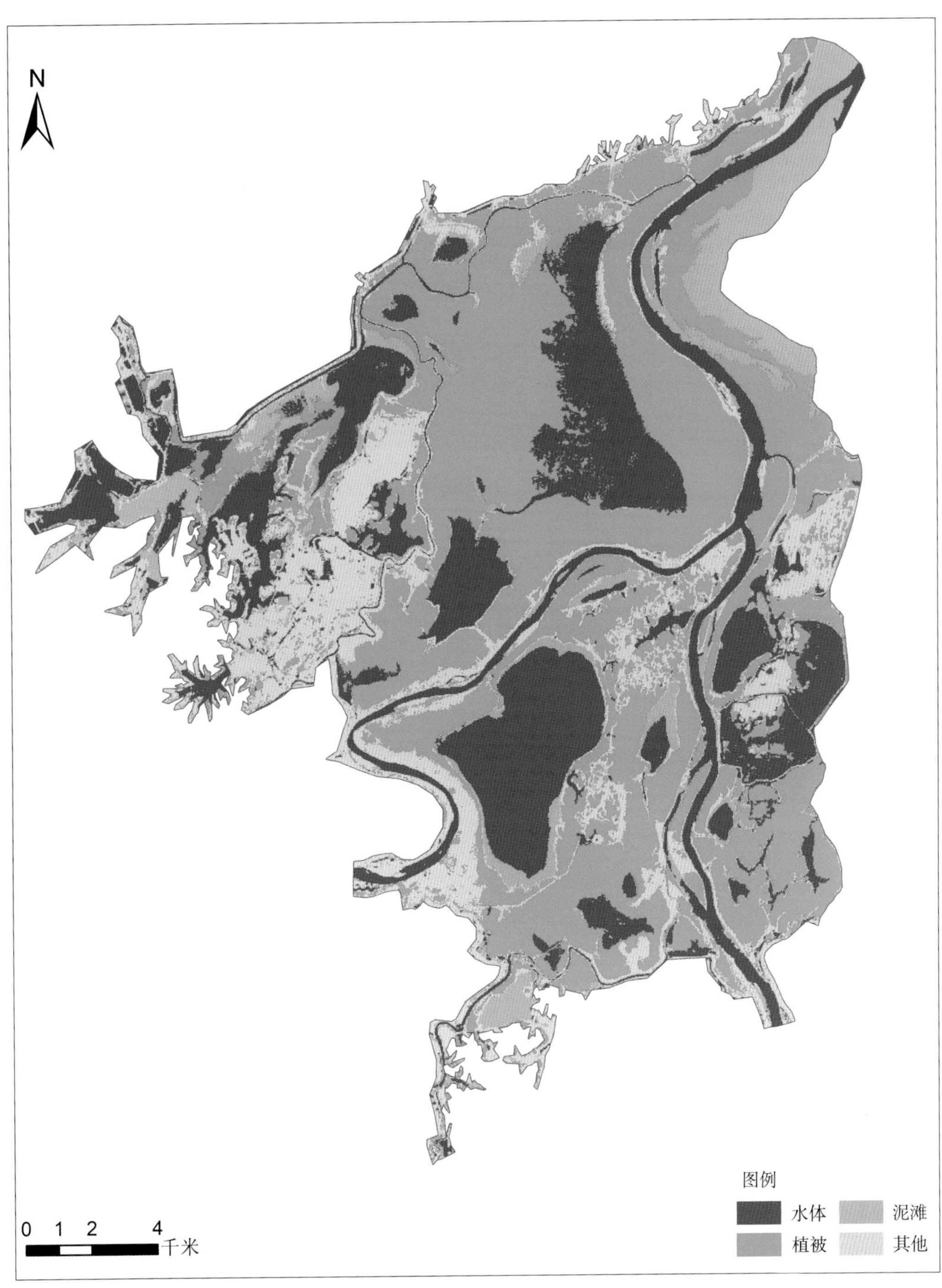

图 5.5　2008 年赣江主支与修河入湖口区遥感监测结果

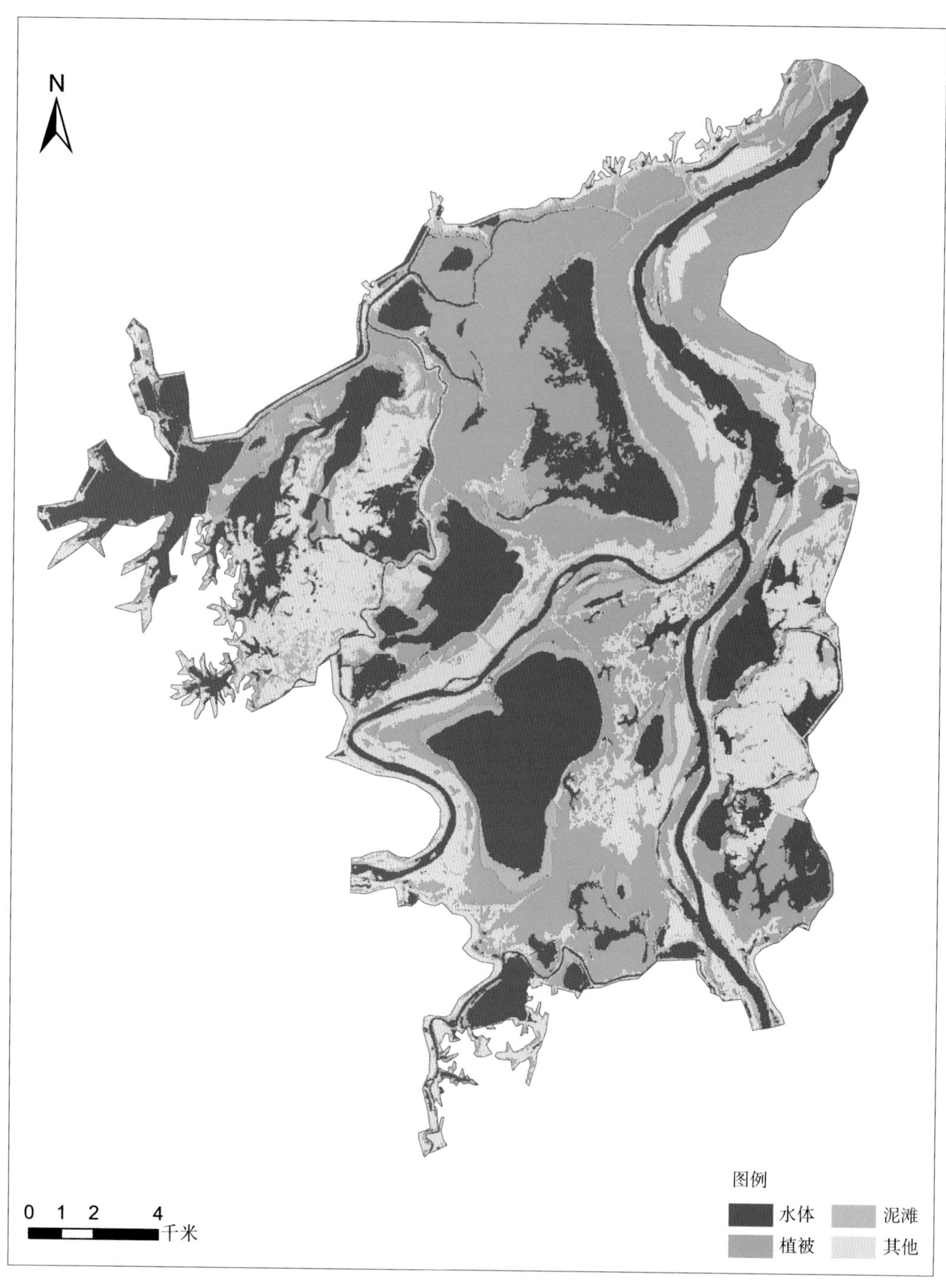

图 5.6　2013 年赣江主支与修河入湖口区遥感监测结果

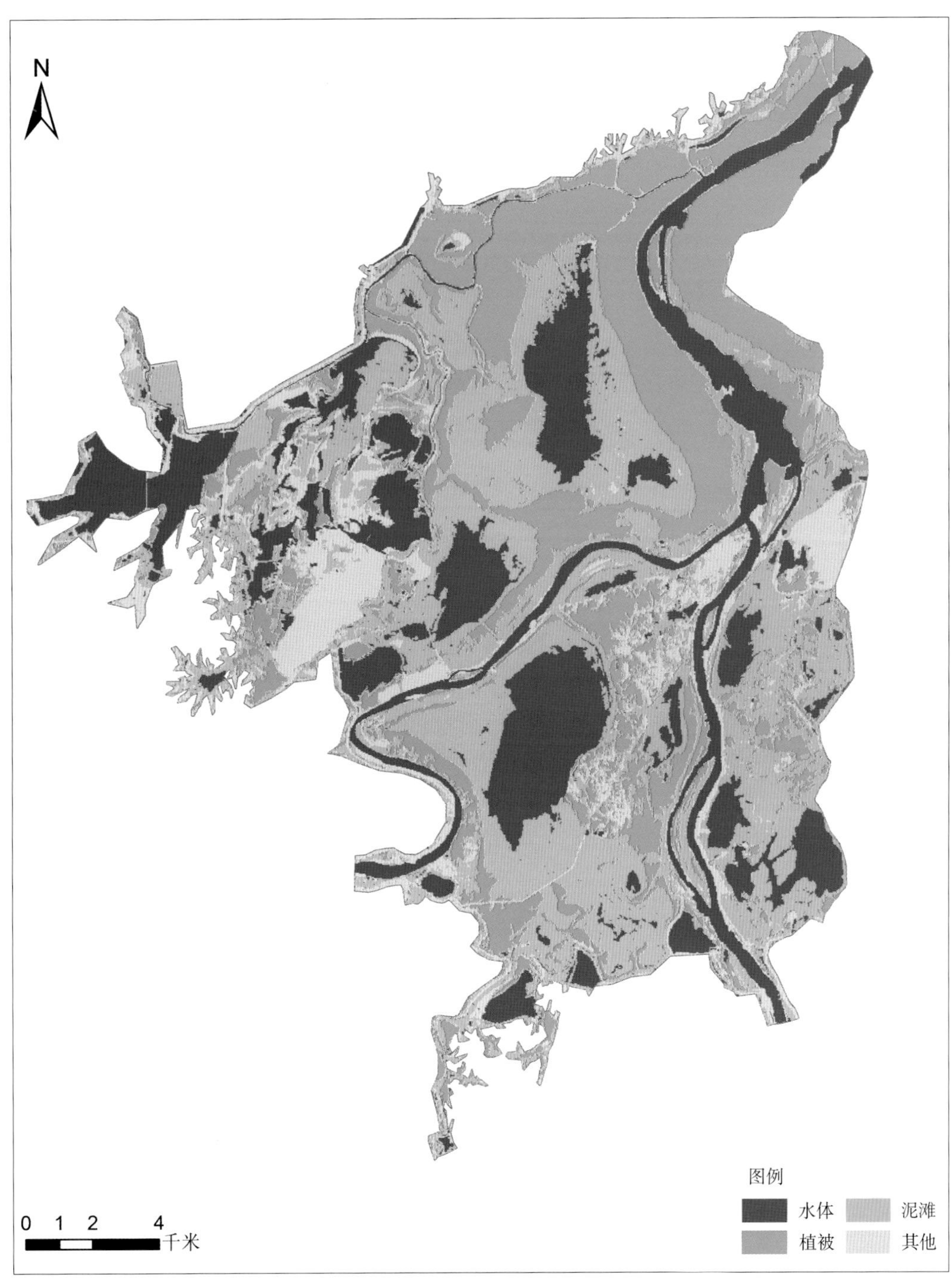

图 5.7　2018 年赣江主支与修河入湖口区遥感监测结果

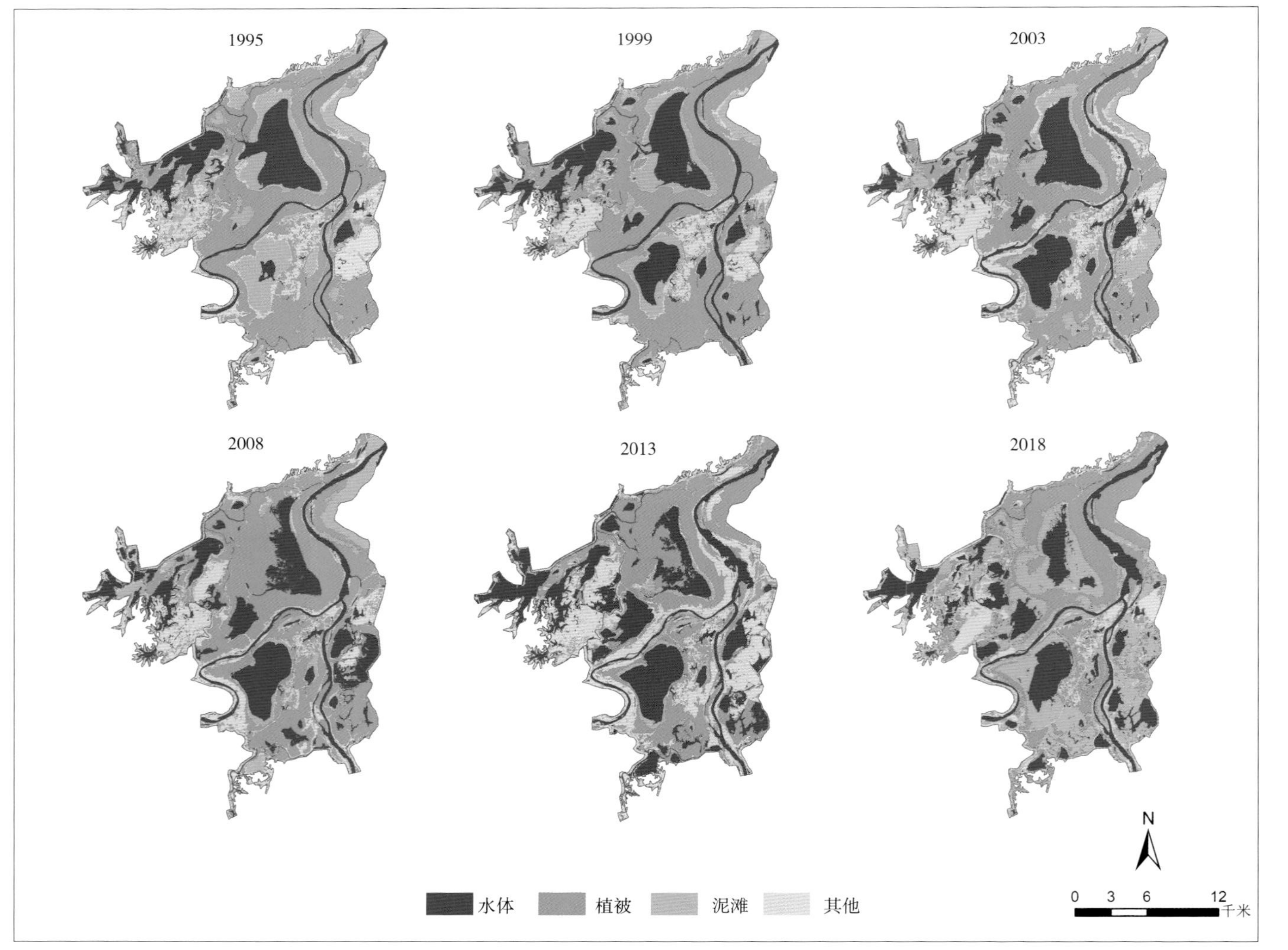

图 5.8 1995—2018 年赣江主支与修河入湖口区遥感监测结果

第二节　赣江中支入湖口区

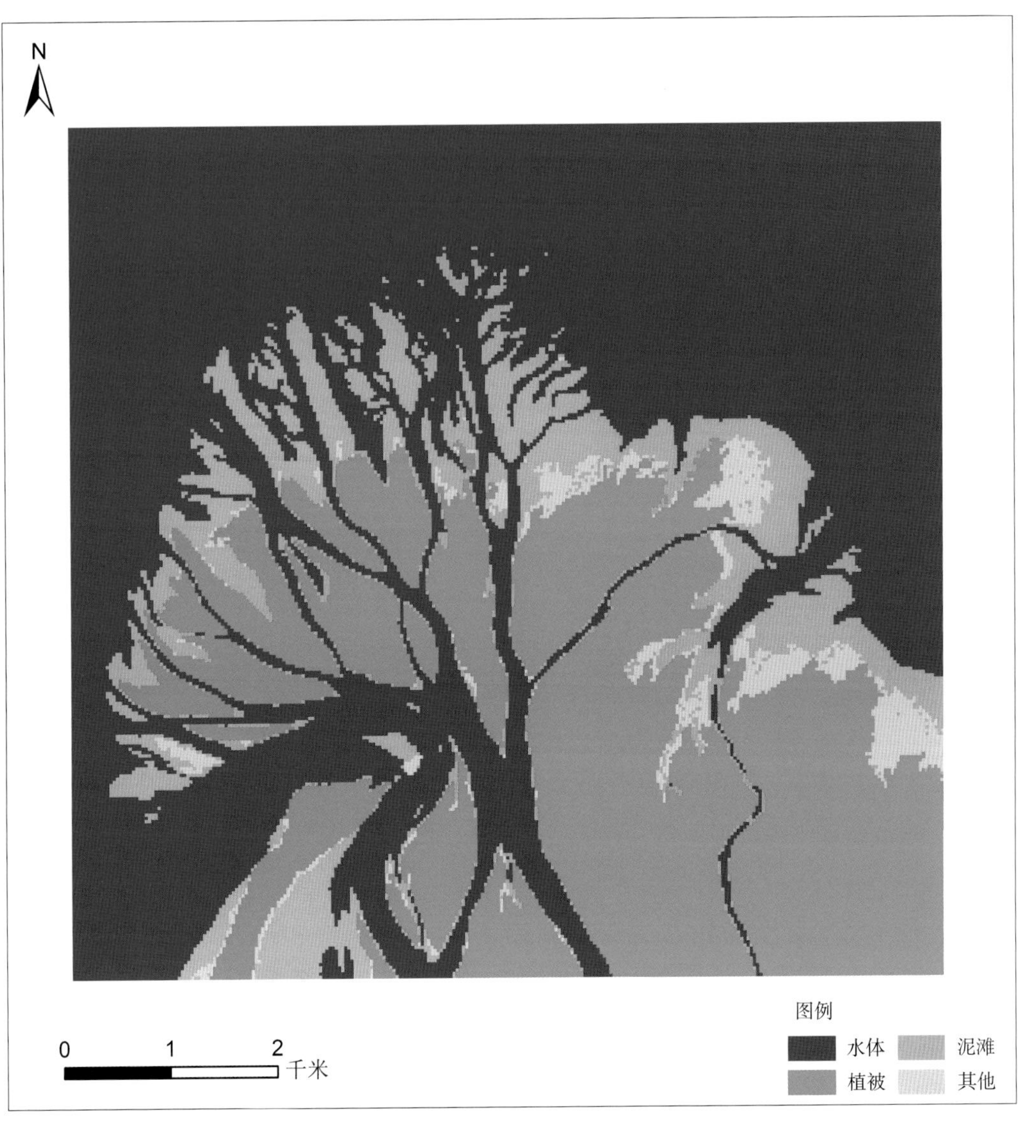

图 5.9　1995 年赣江中支入湖口区遥感监测结果

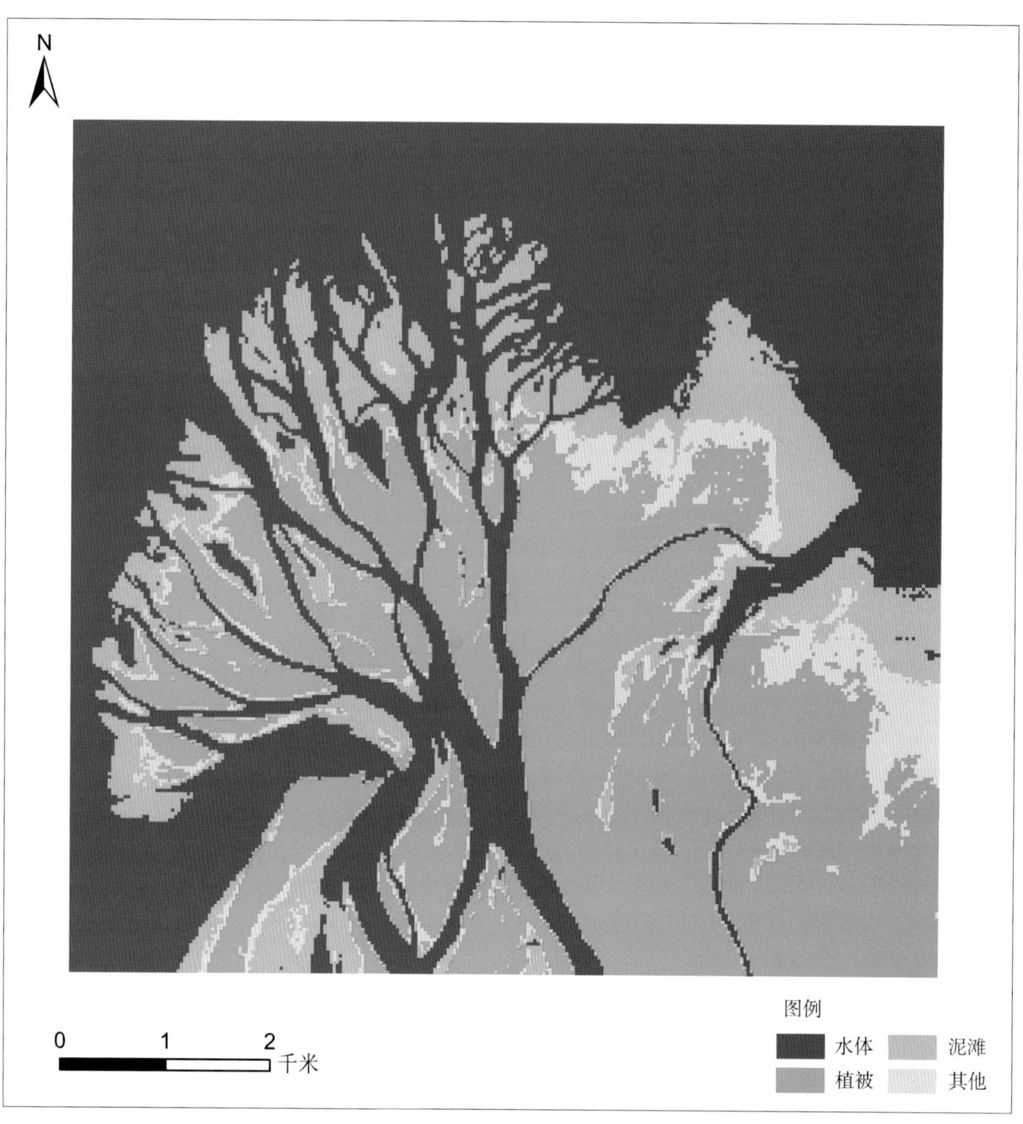

图 5.10　1999 年赣江中支入湖口区遥感监测结果

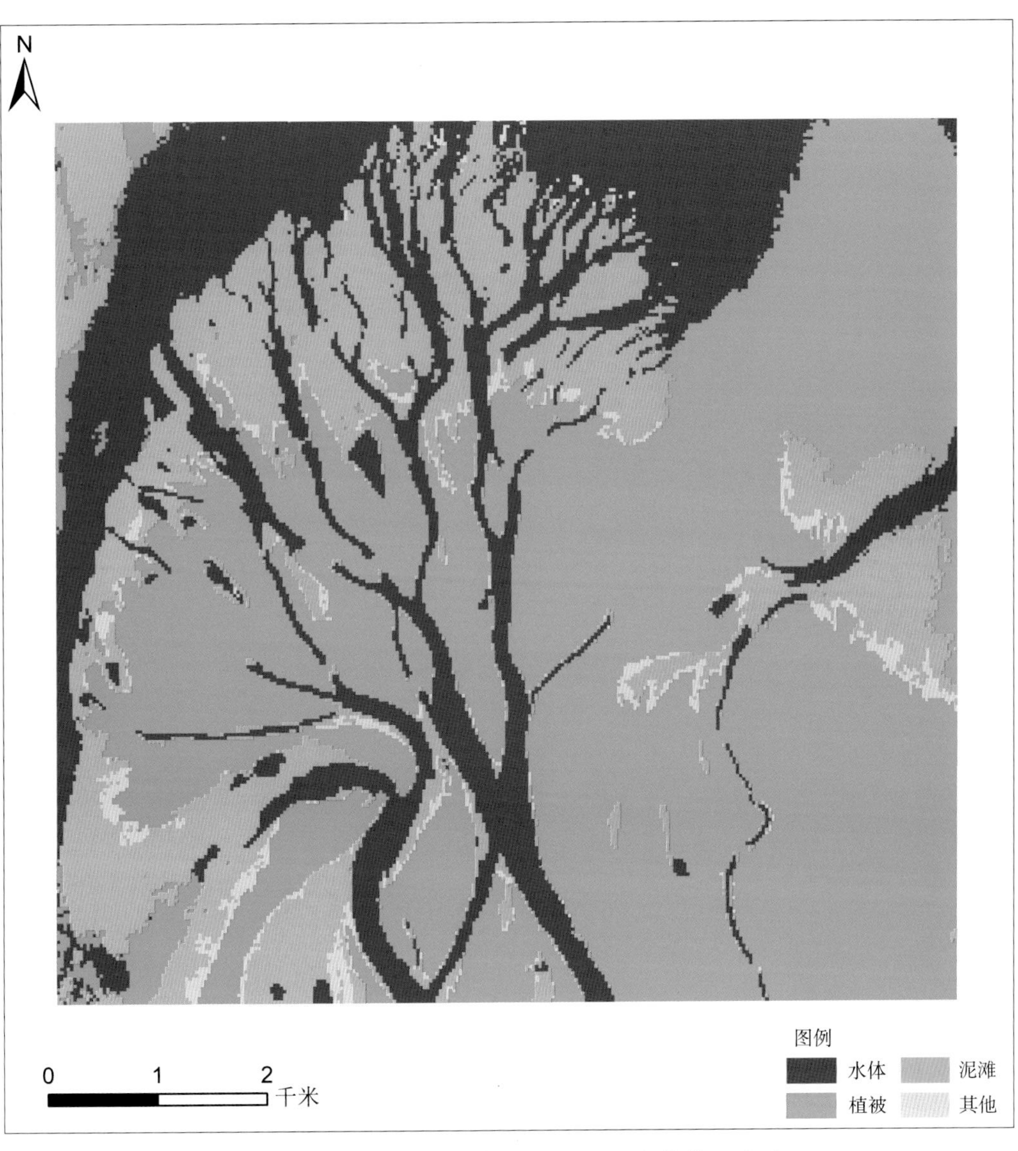

图 5.11　2003 年赣江中支入湖口区遥感监测结果

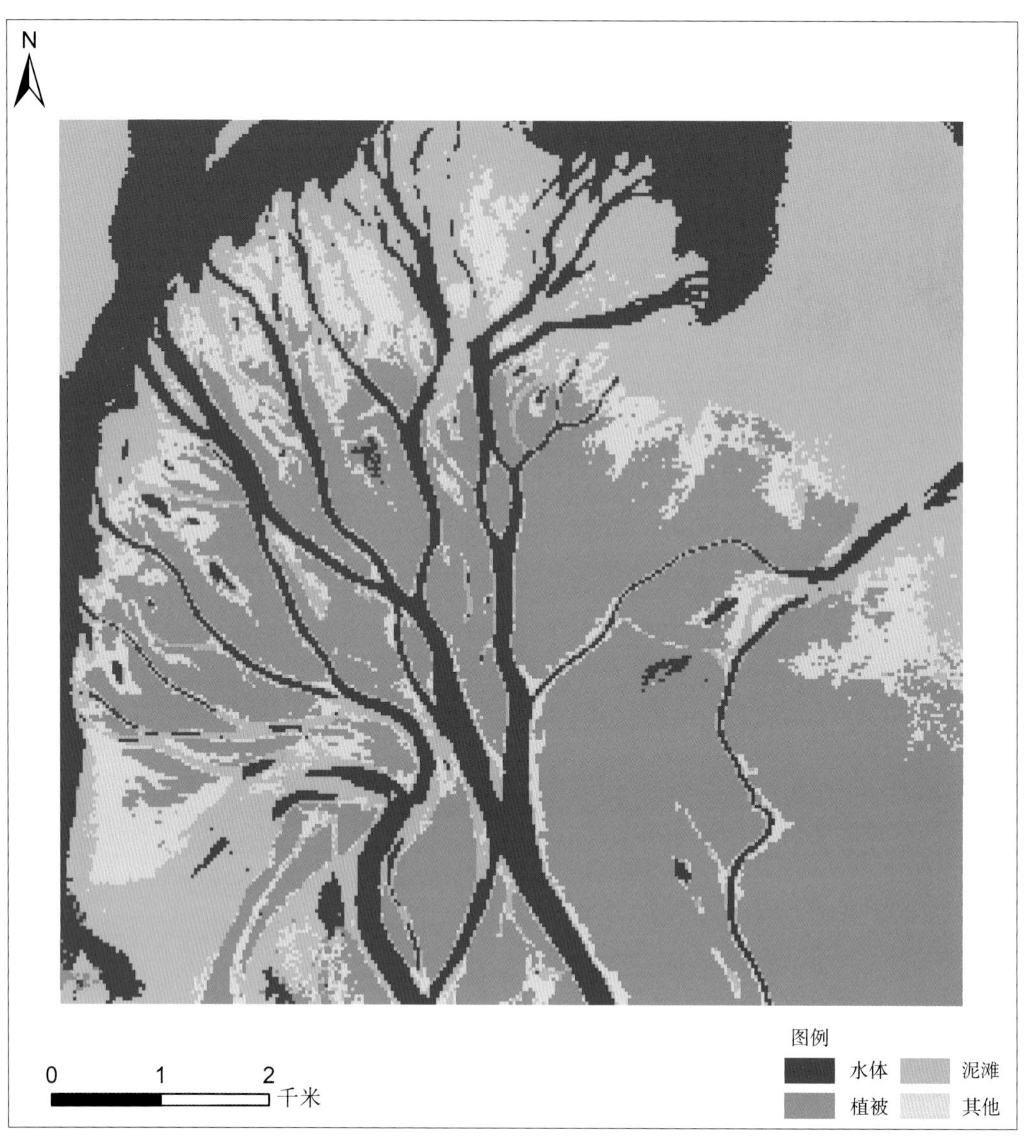

图 5.12 2008 年赣江中支入湖口区遥感监测结果

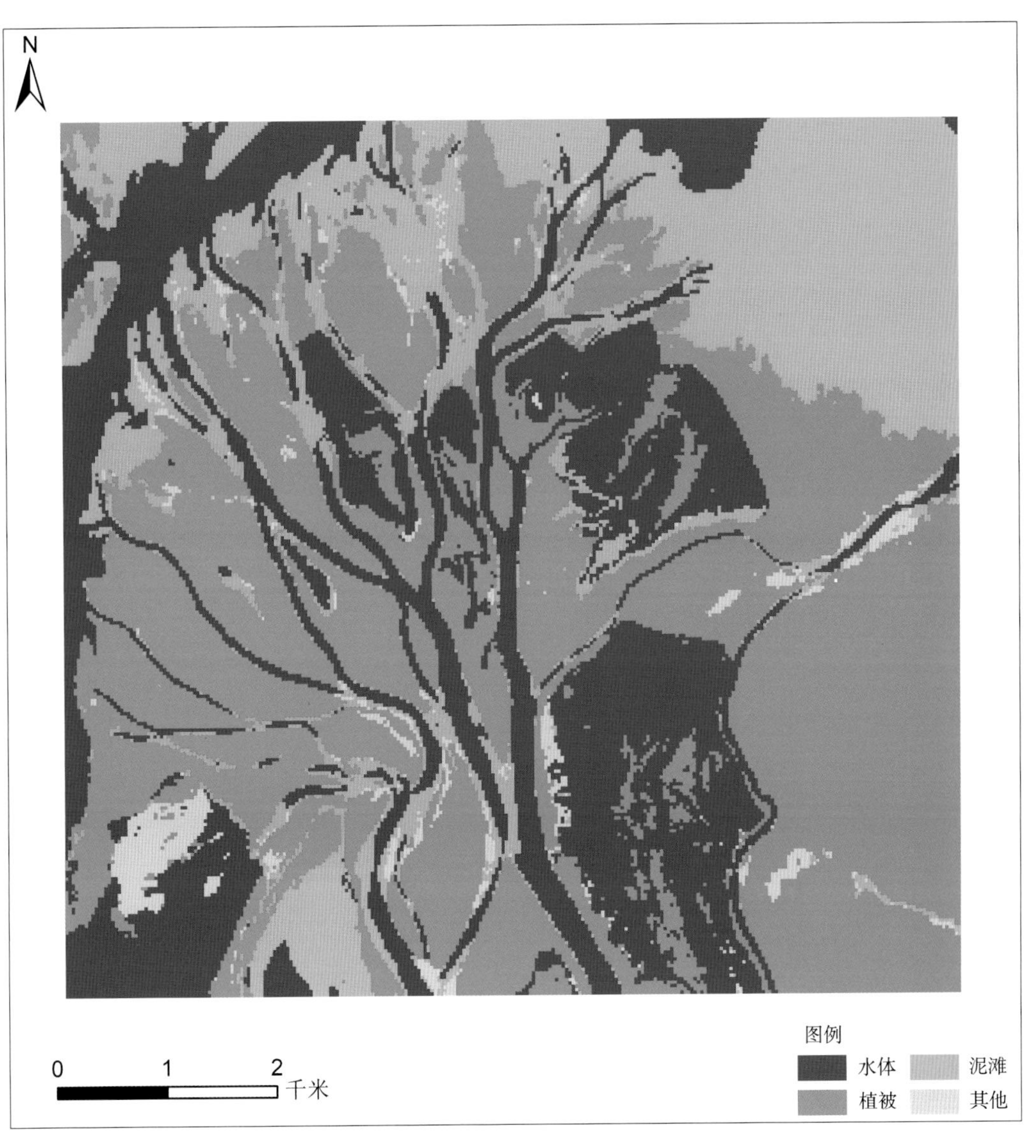

图 5.13　2013 年赣江中支入湖口区遥感监测结果

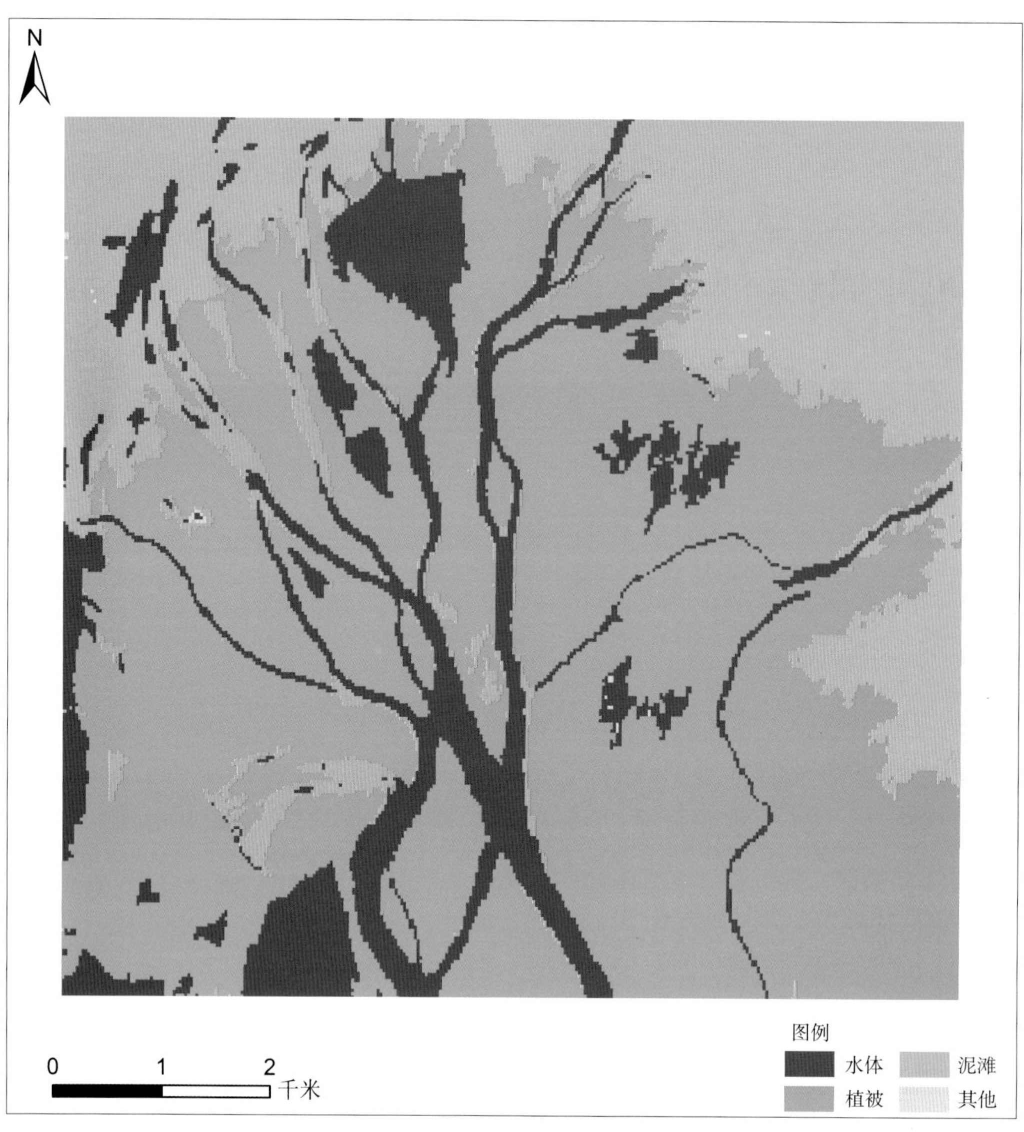

图 5.14 2018 年赣江中支入湖口区遥感监测结果

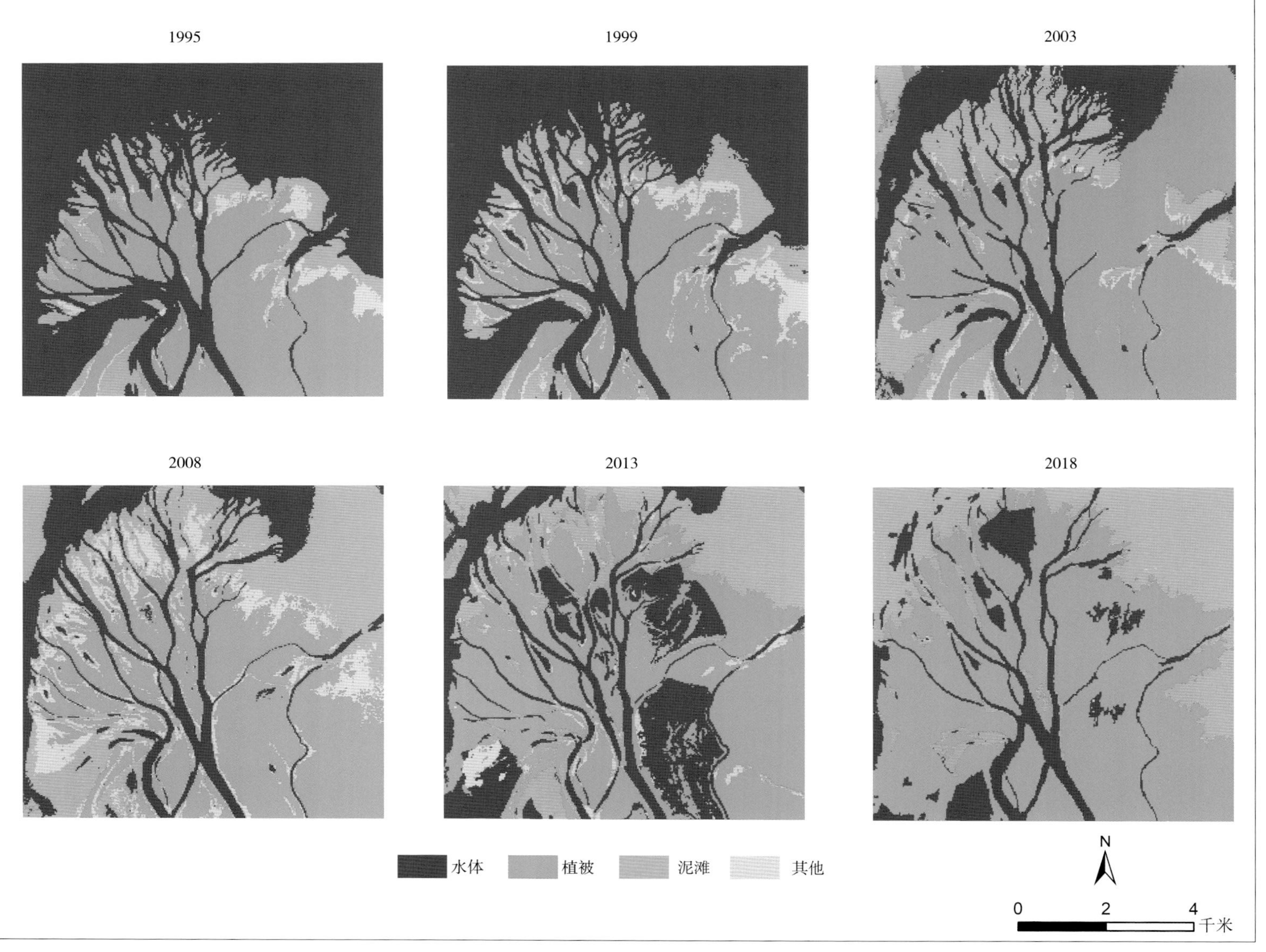

图 5.15　1995—2018 年赣江中支入湖口区遥感监测结果

第三节　抚河入青岚湖区

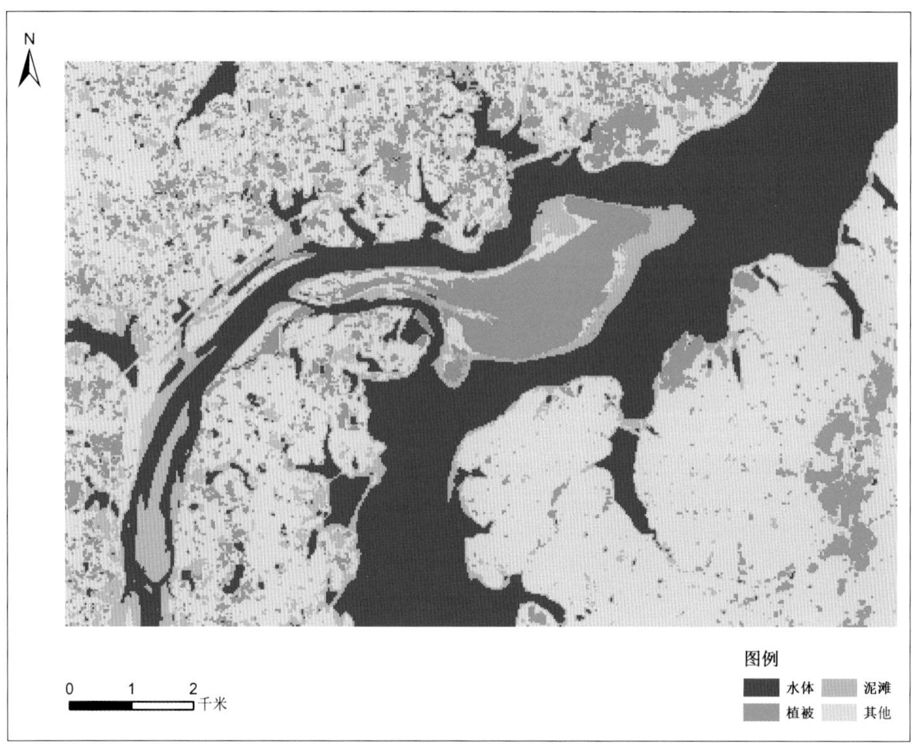

图 5.16　1995 年抚河入青岚湖区遥感监测结果

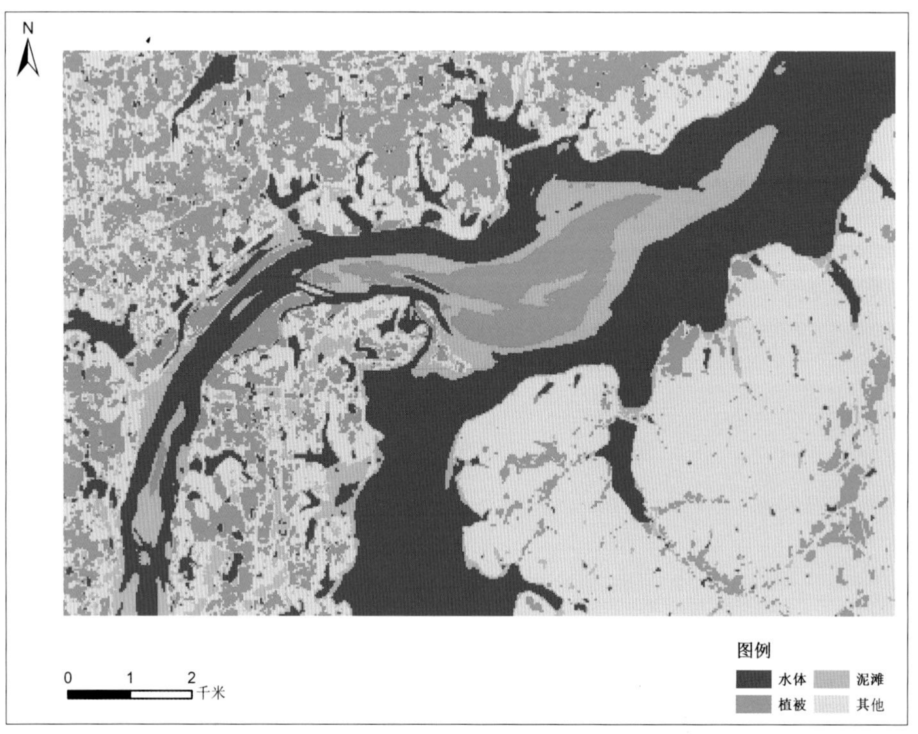

图 5.17　1999 年抚河入青岚湖区遥感监测结果

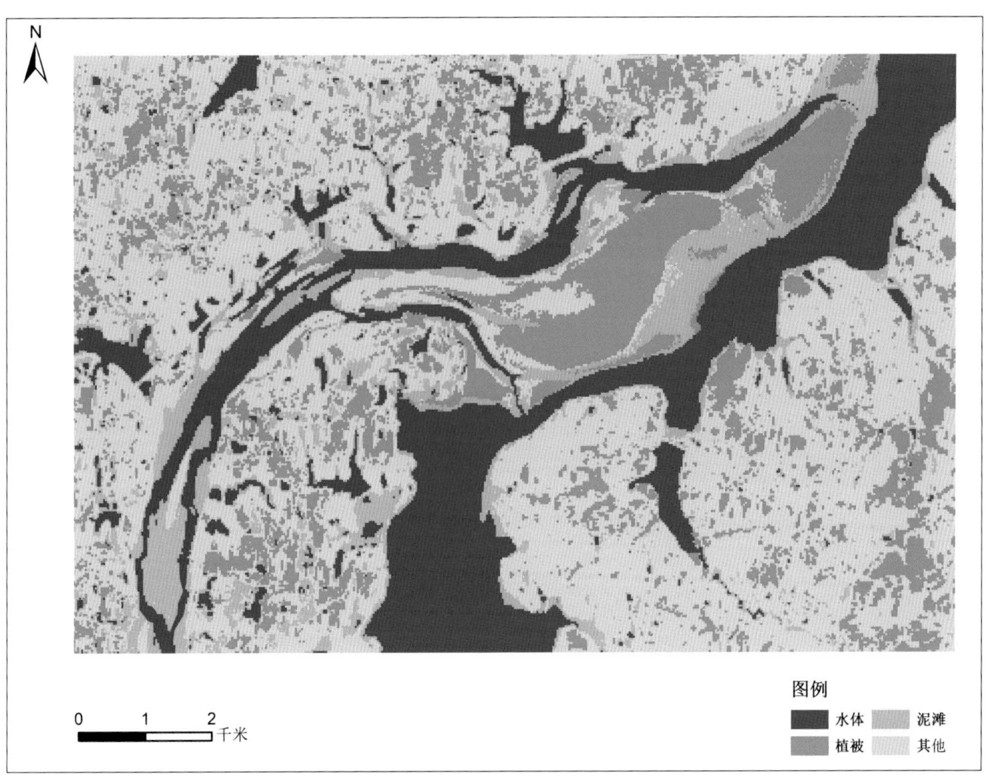

图 5.18　2003 年抚河入青岚湖区遥感监测结果

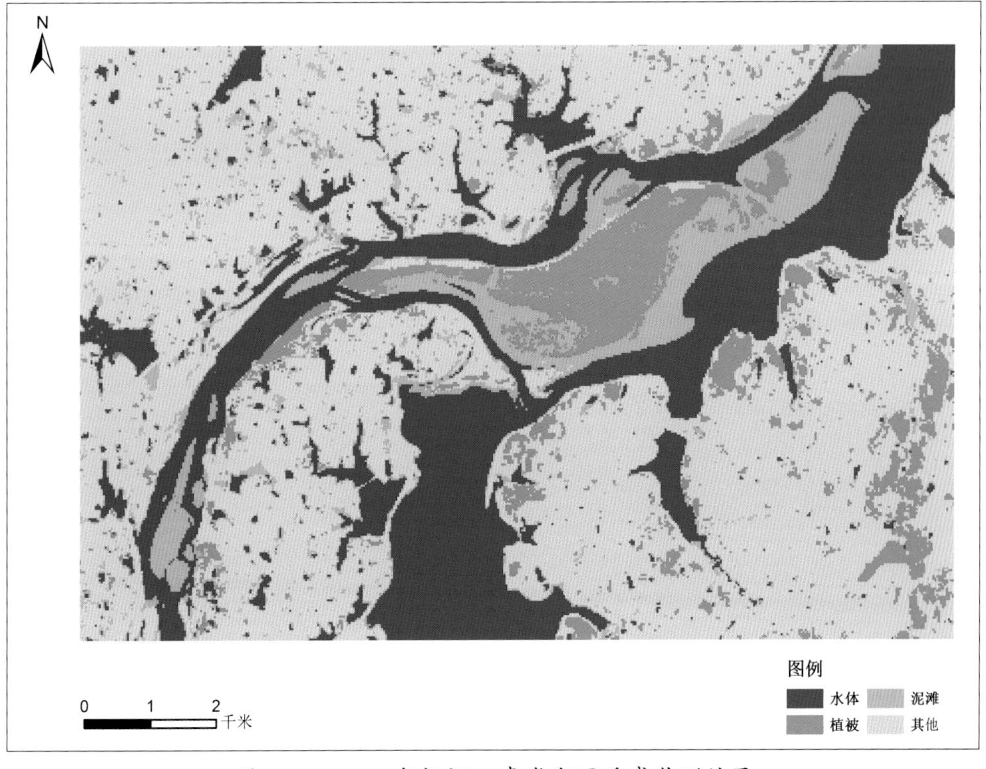

图 5.19　2008 年抚河入青岚湖区遥感监测结果

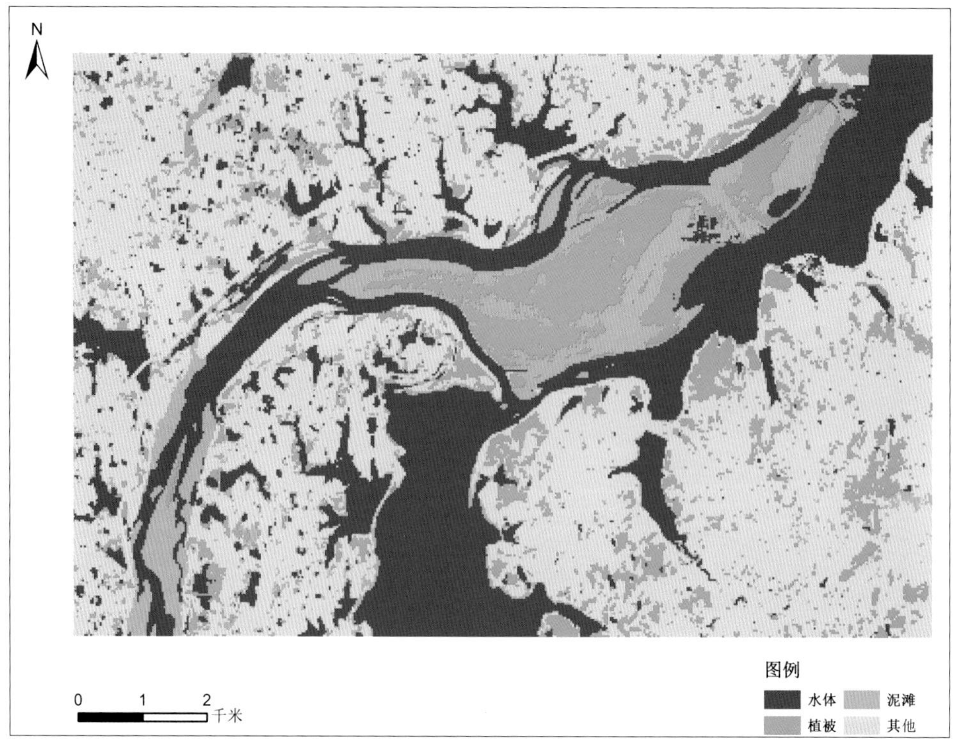

图 5.20 2013 年抚河入青岚湖区遥感监测结果

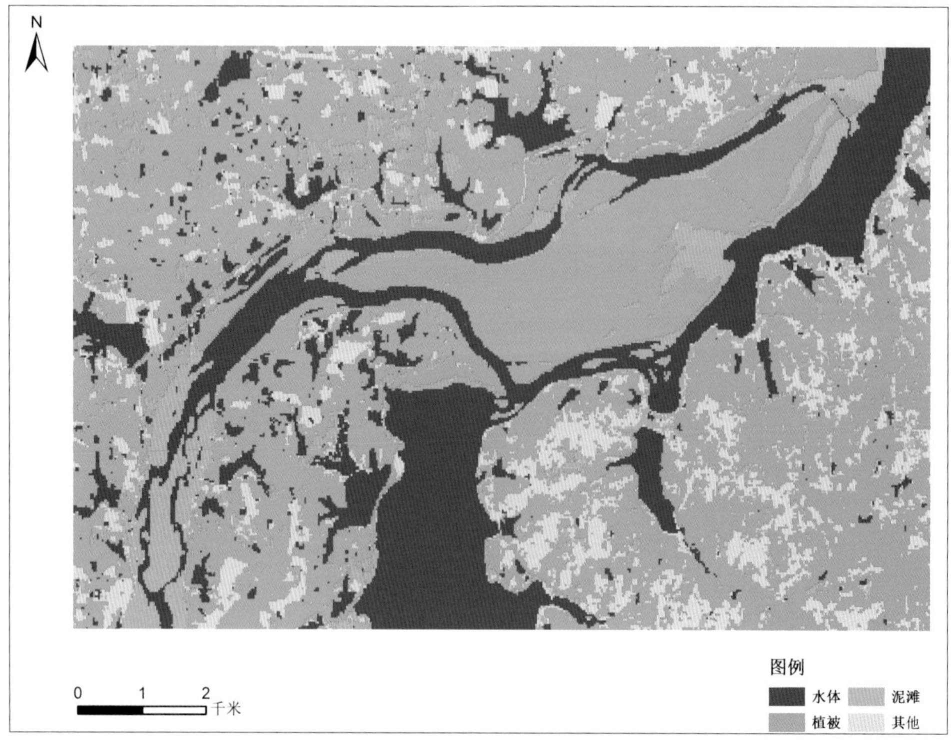

图 5.21 2018 年抚河入青岚湖区遥感监测结果

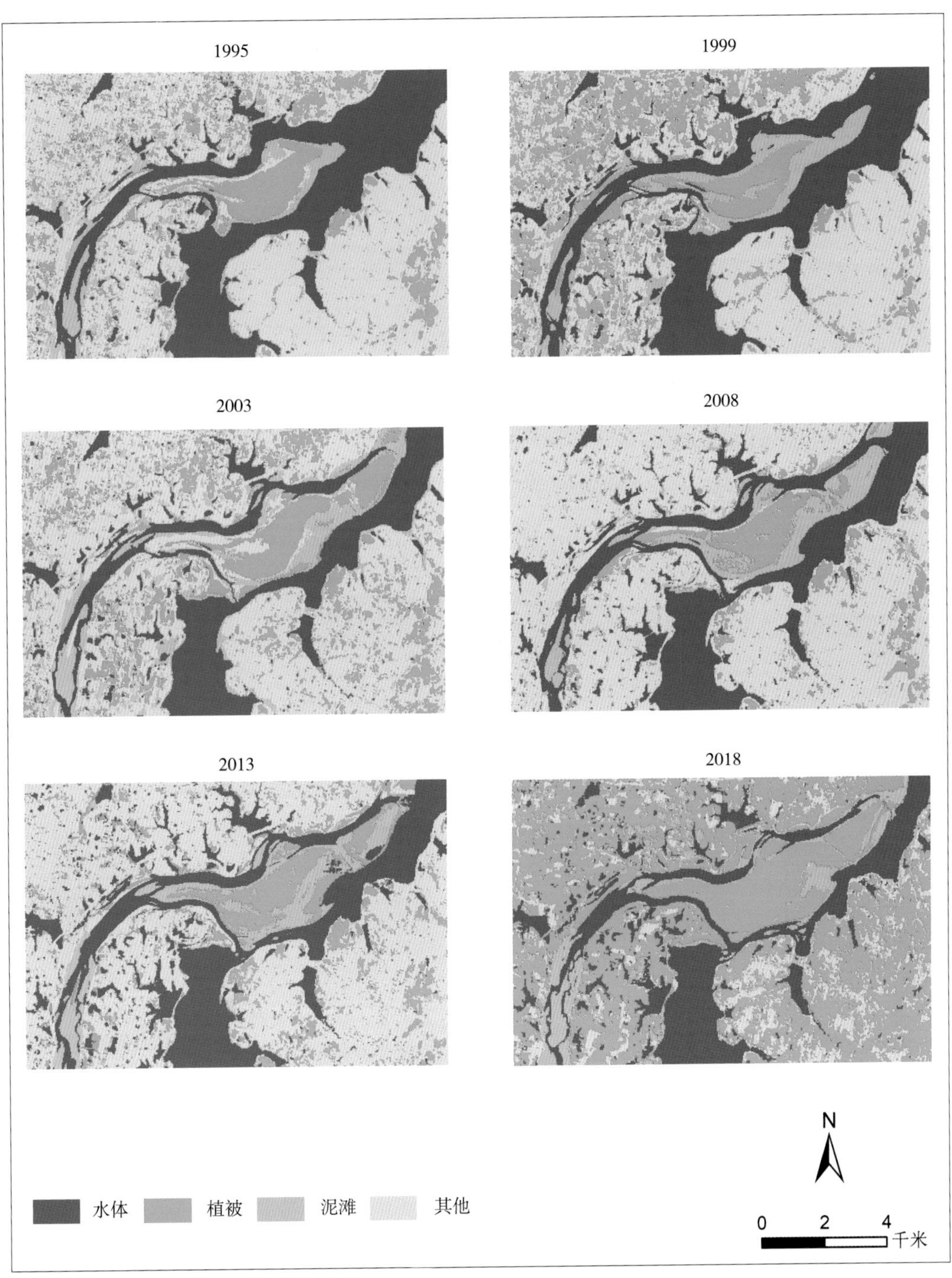

图 5.22　1995—2018 年抚河入青岚湖区遥感监测结果

第四节　三江口区

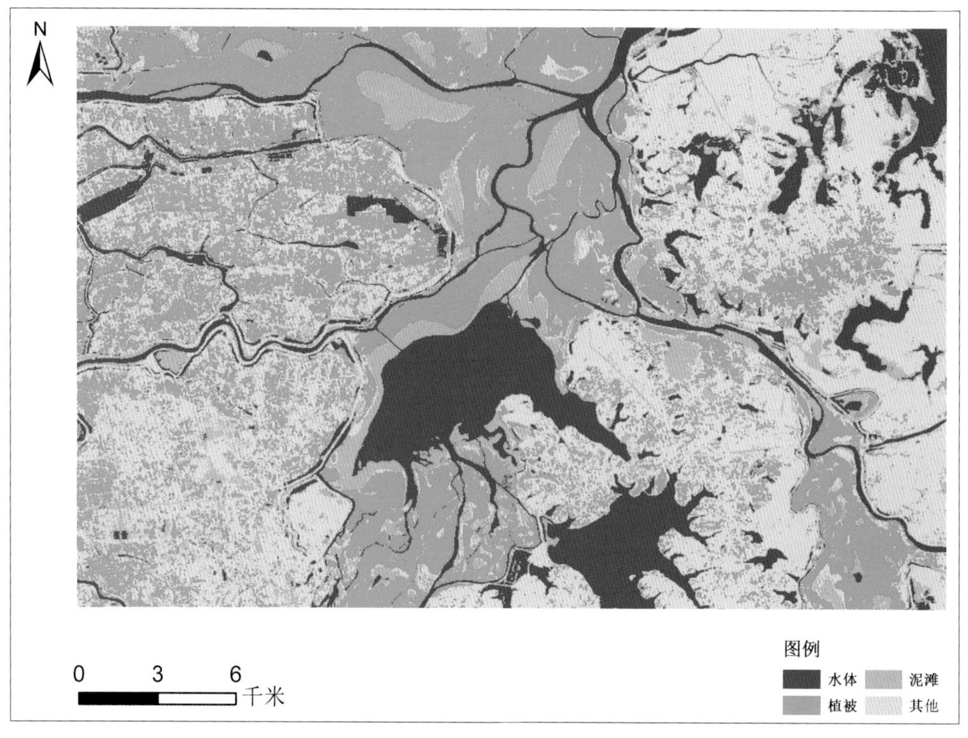

图 5.23　1995 年三江口区遥感监测结果

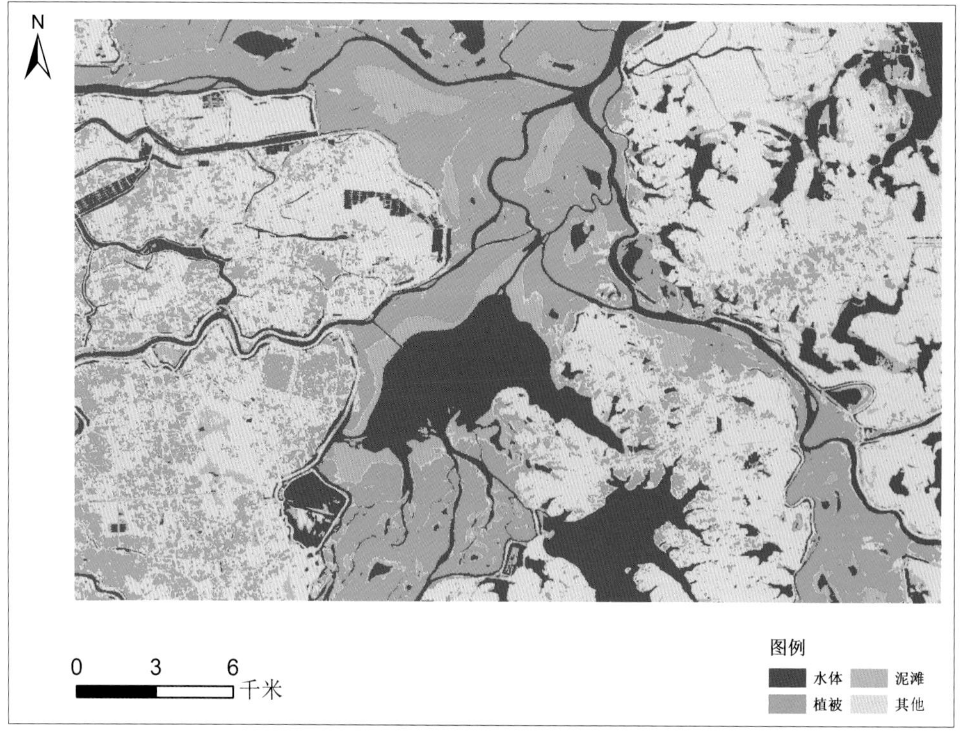

图 5.24　1999 年三江口区遥感监测结果

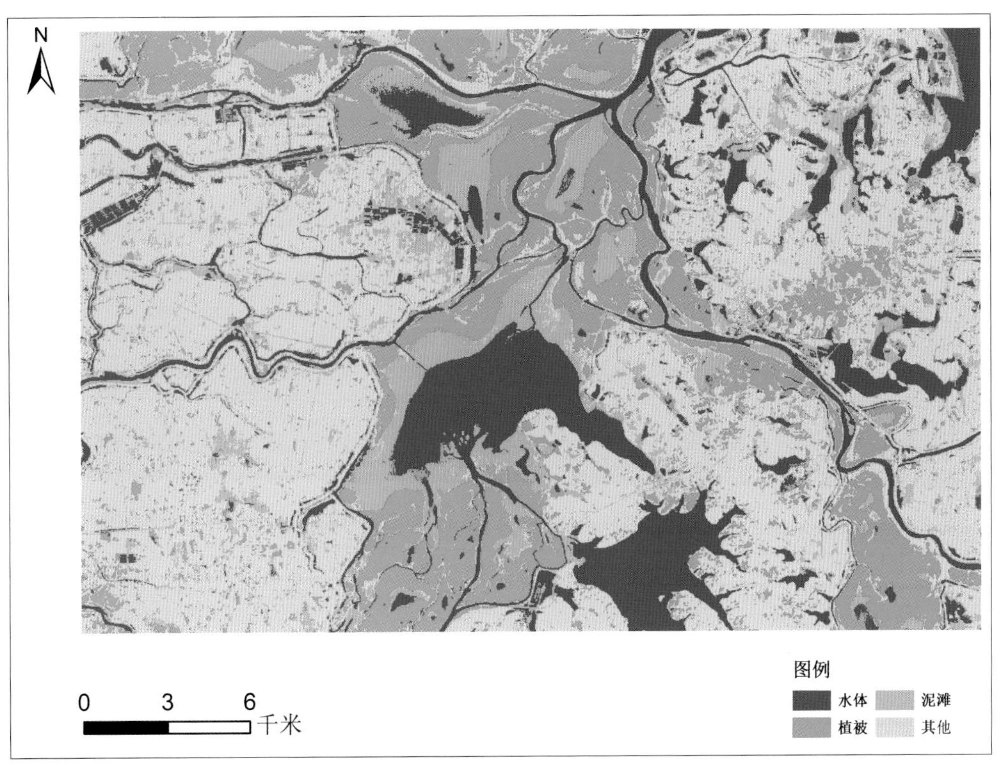

图 5.25　2003 年三江口区遥感监测结果

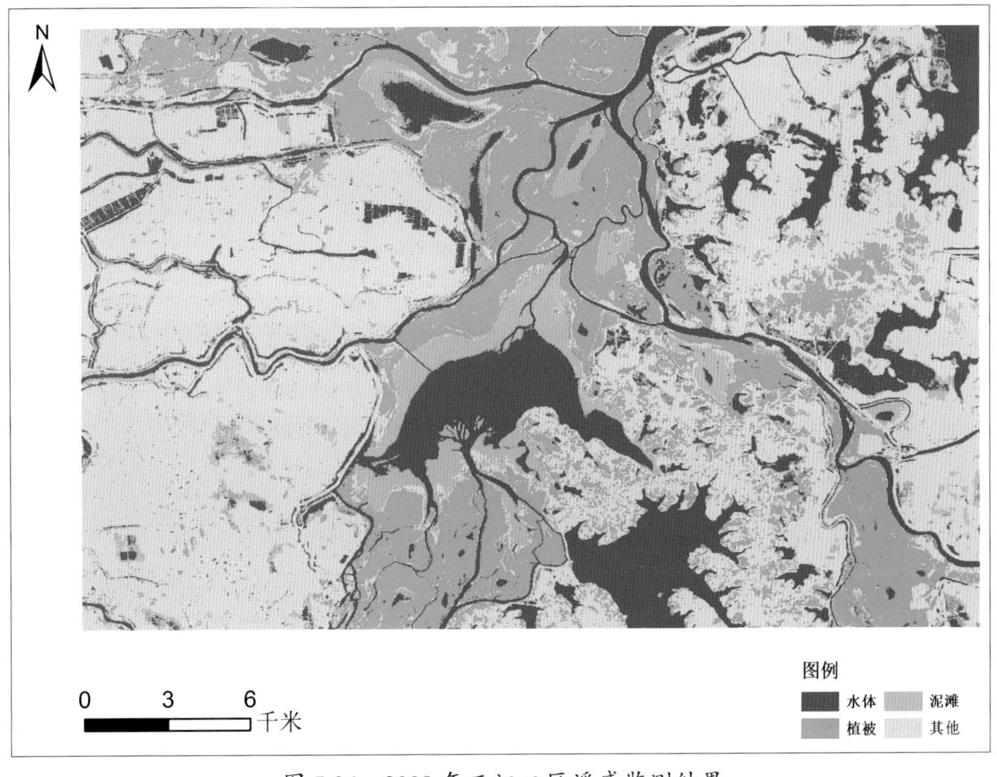

图 5.26　2008 年三江口区遥感监测结果

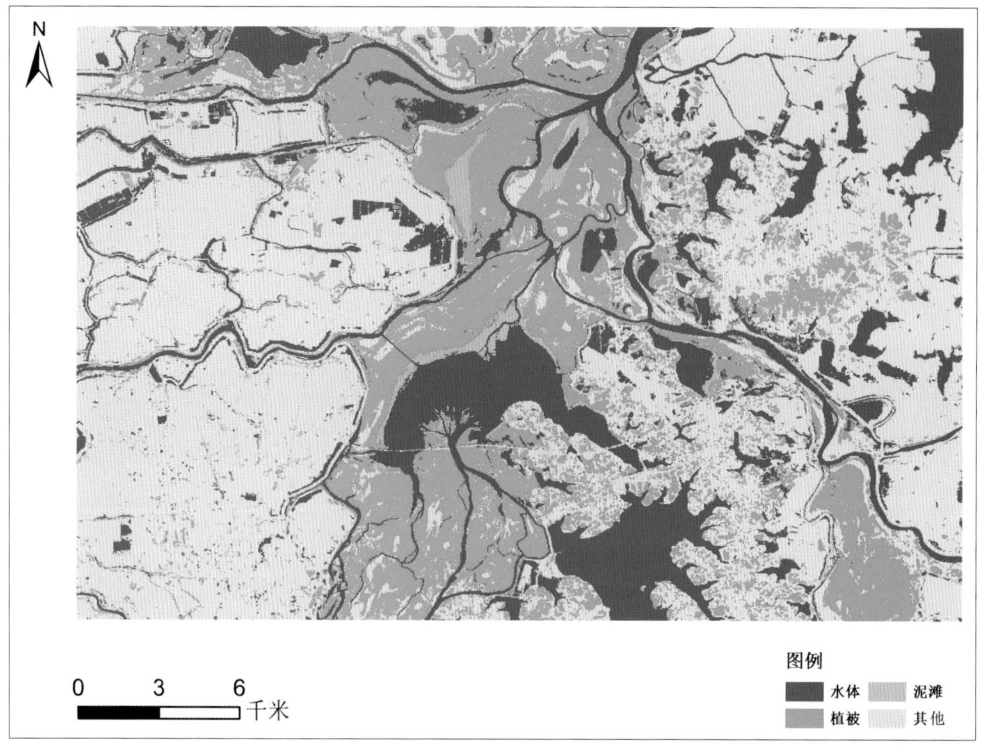

图 5.27 2013 年三江口区遥感监测结果

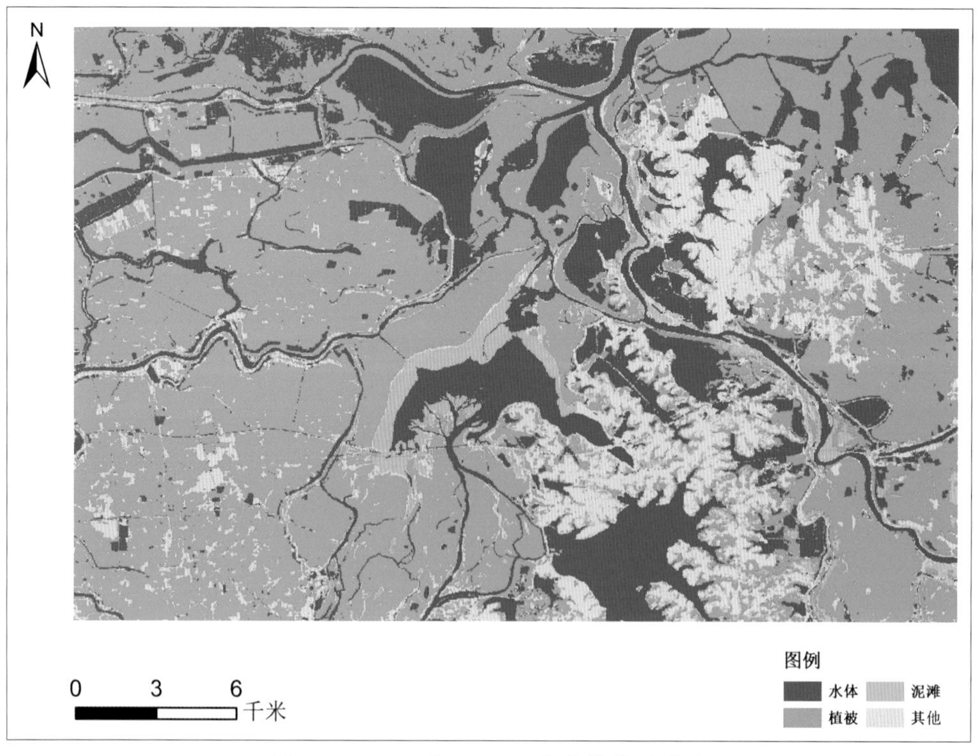

图 5.28 2018 年三江口区遥感监测结果

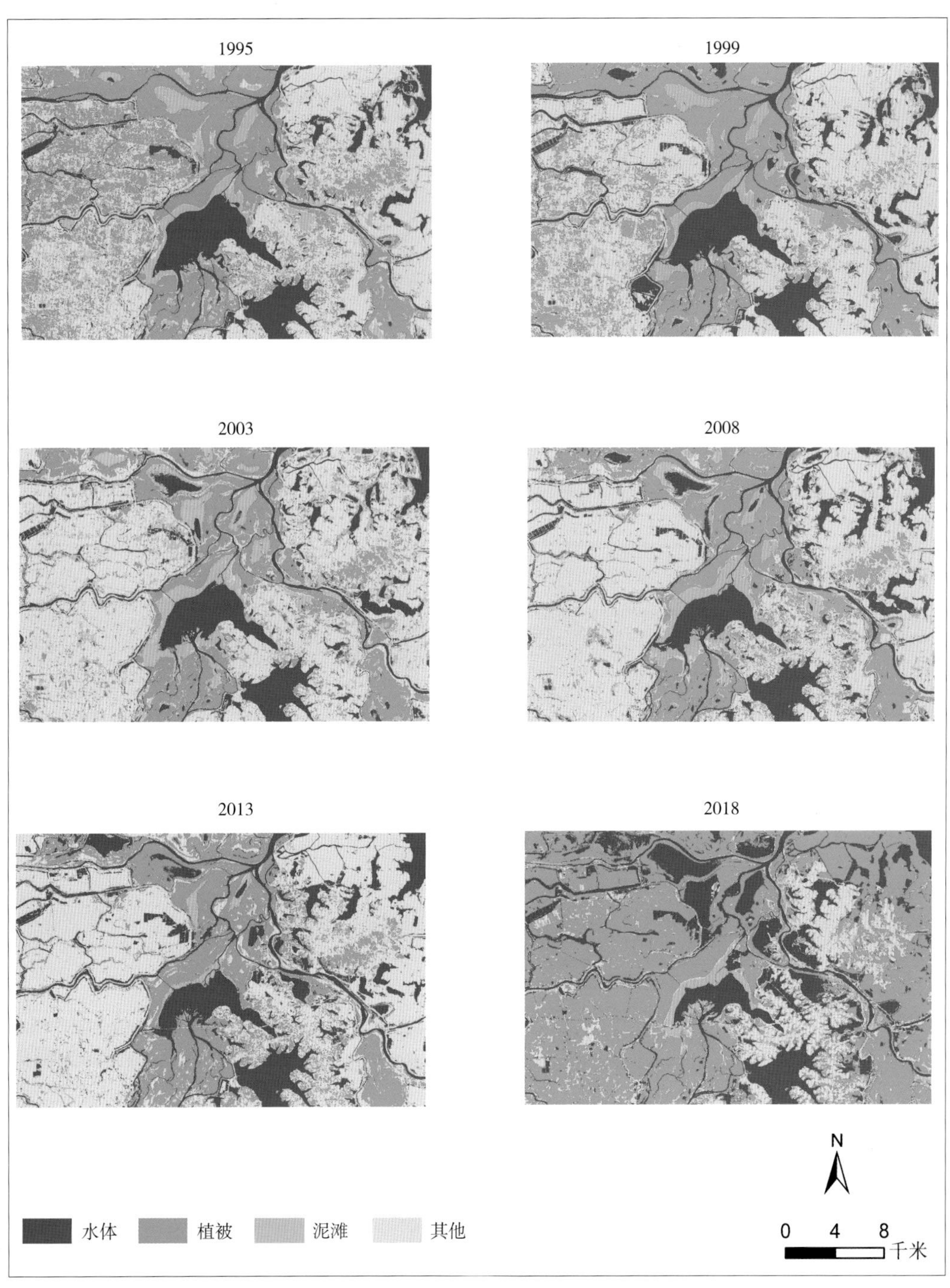

图 5.29　1995—2018 年三江口区遥感监测结果

第五节　信江入湖口区

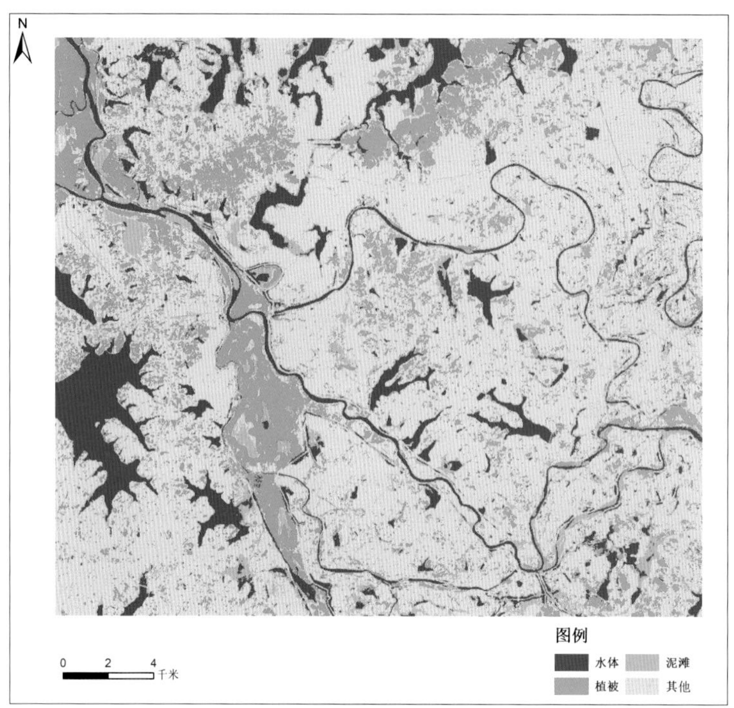

图 5.30　1995 年信江入湖口区遥感监测结果

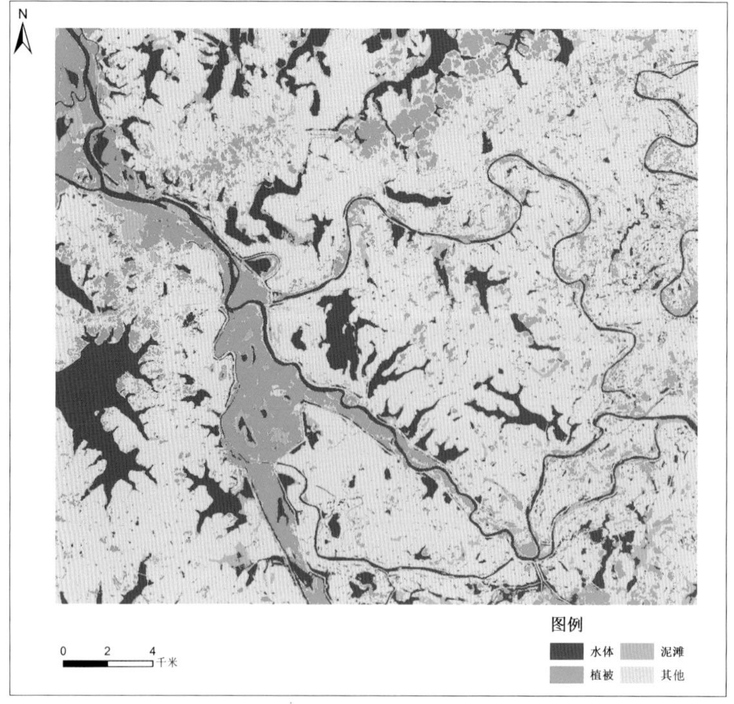

图 5.31　1999 年信江入湖口区遥感监测结果

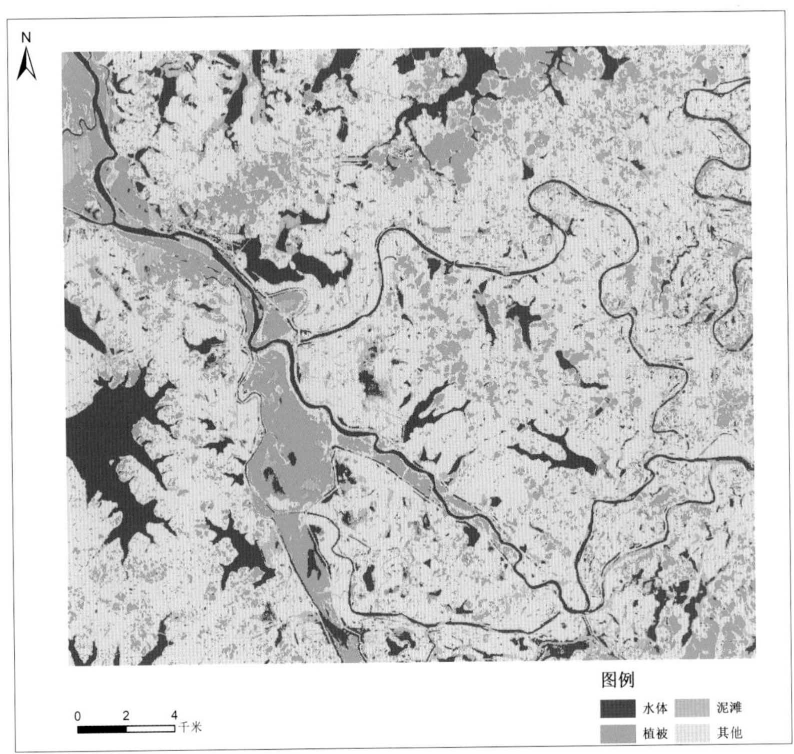

图 5.32　2003 年信江入湖口区遥感监测结果

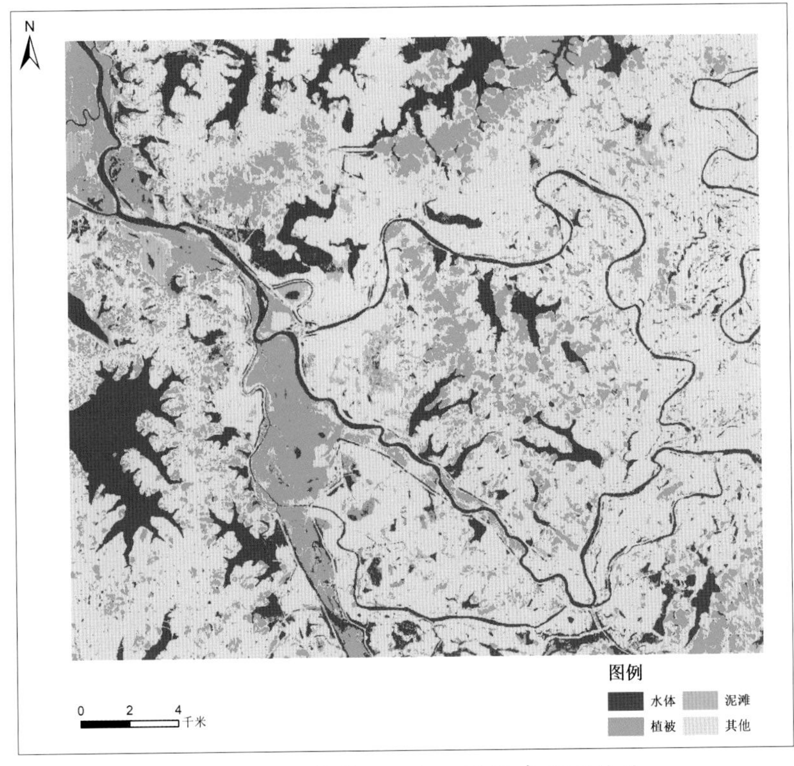

图 5.33　2008 年信江入湖口区遥感监测结果

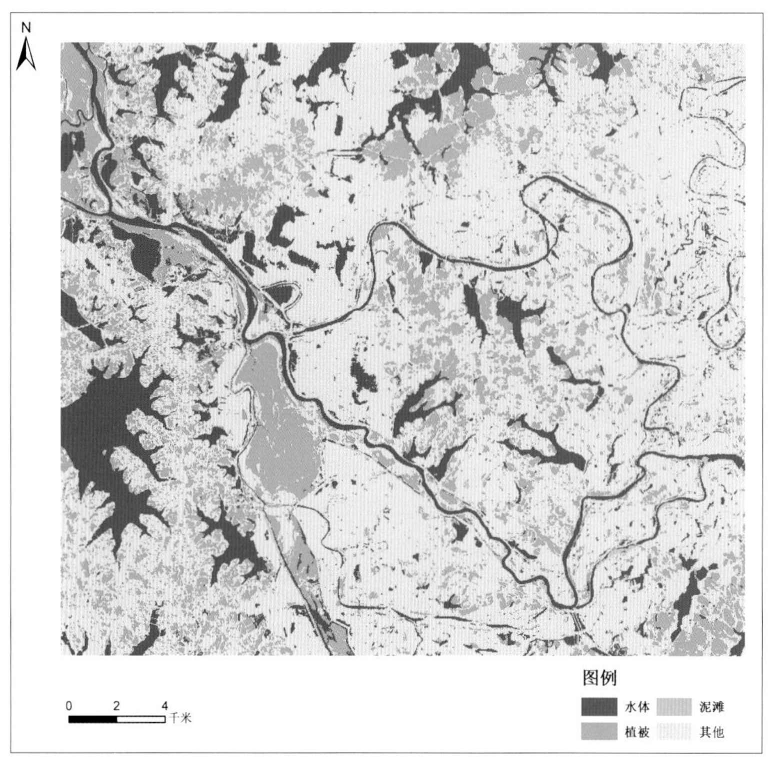

图 5.34 2013 年信江入湖口区遥感监测结果

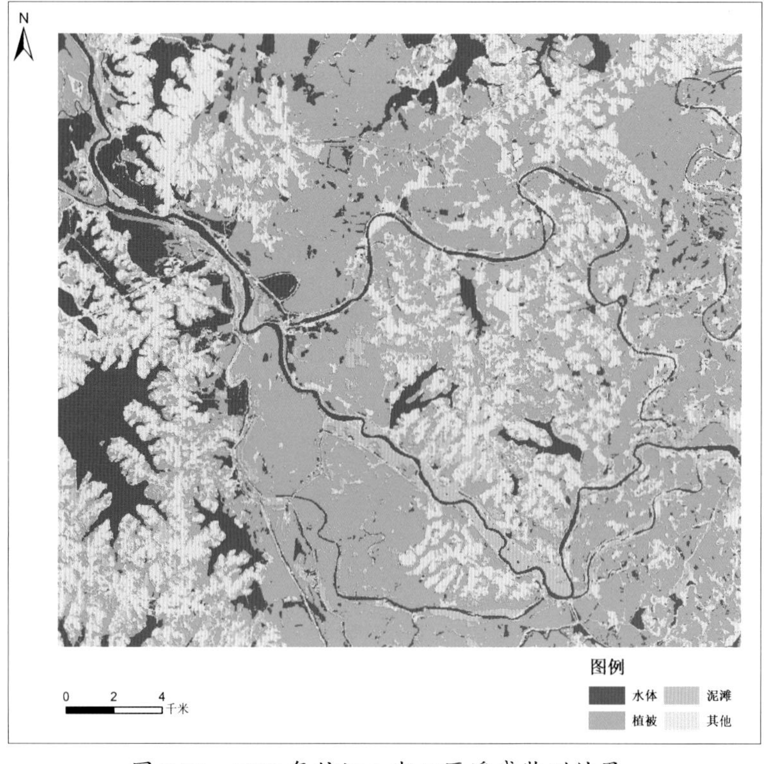

图 5.35 2018 年信江入湖口区遥感监测结果

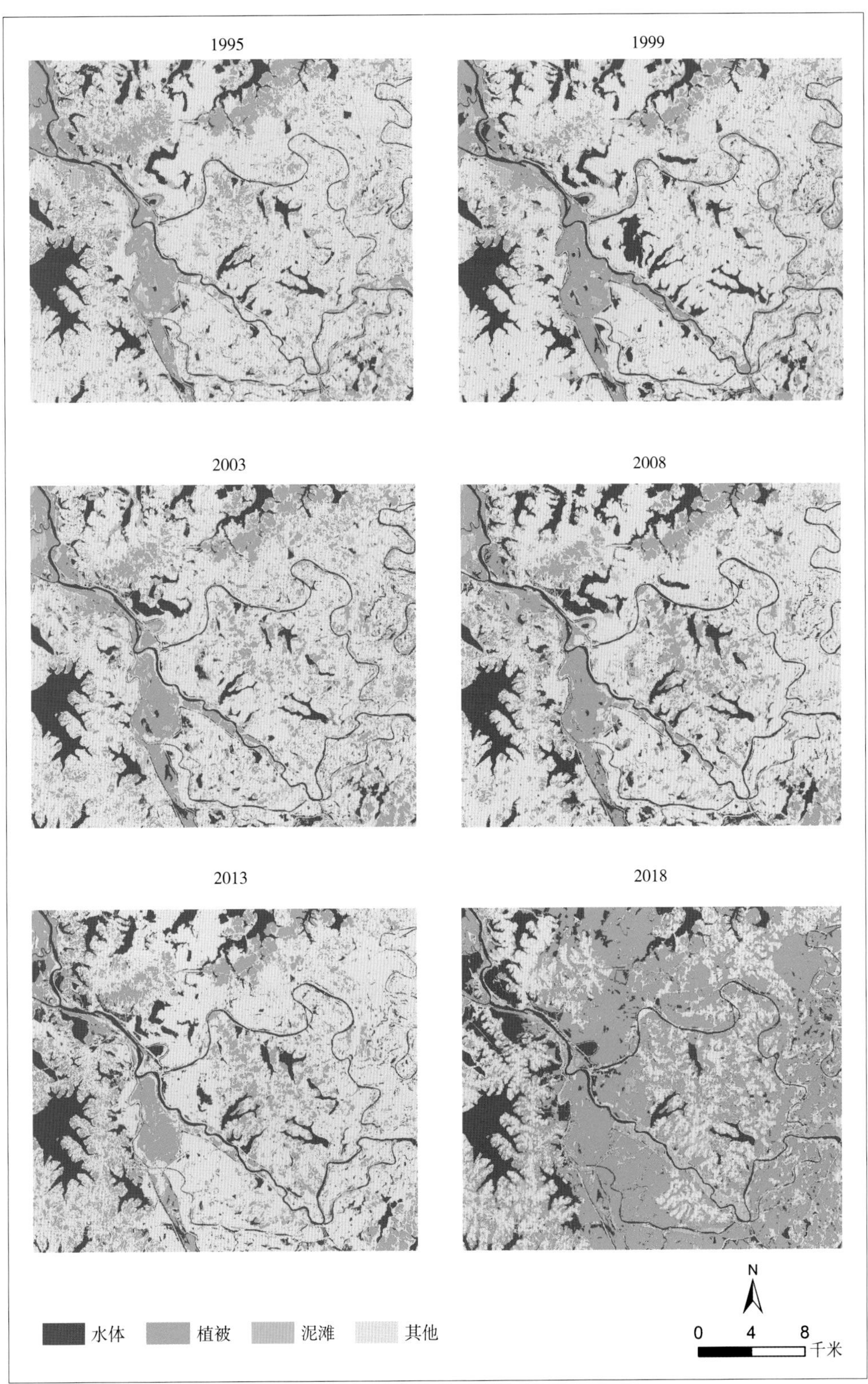

图 5.36　1995—2018 年信江入湖口区遥感监测结果

第六节 饶河入湖口区

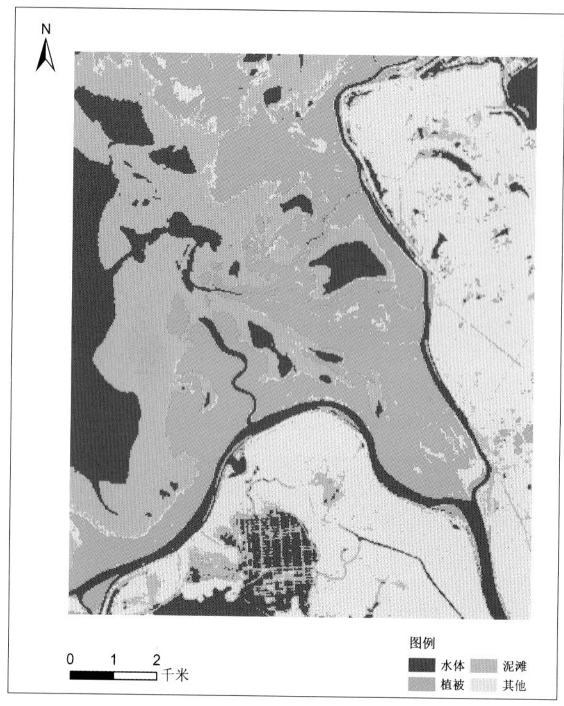

图 5.37 1995 年饶河入湖口区遥感监测结果

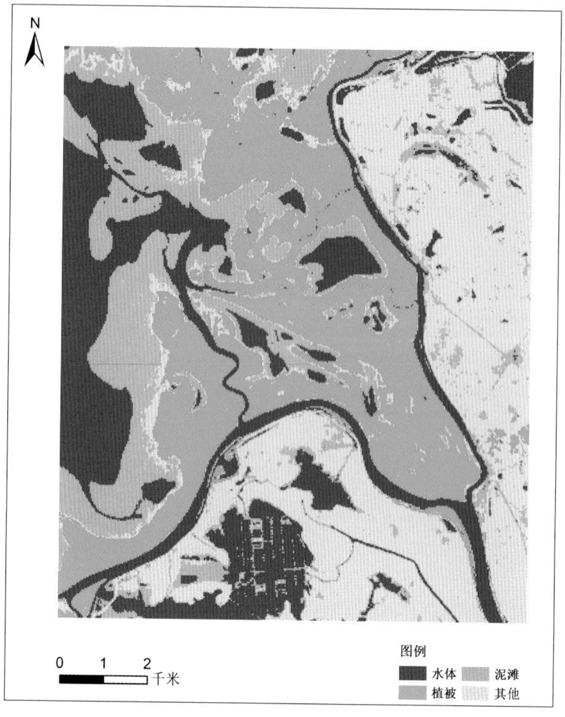

图 5.38 1999 年饶河入湖口区遥感监测结果

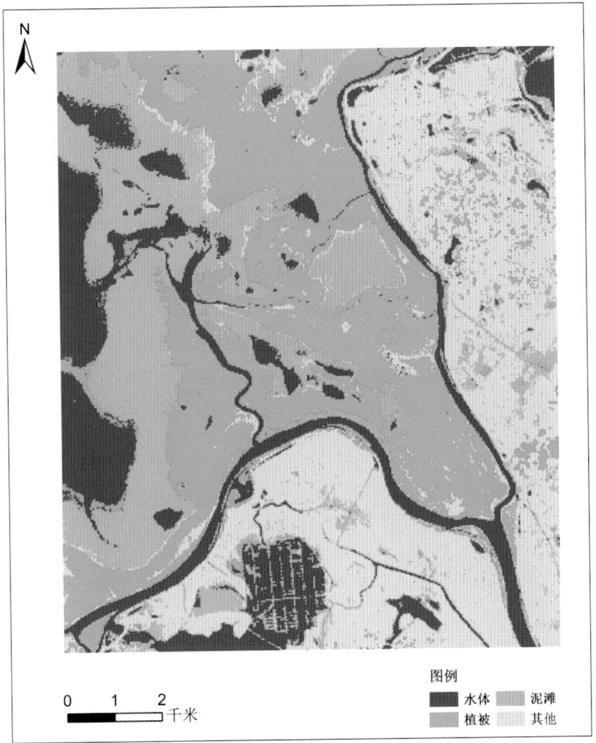

图 5.39　2003 年饶河入湖口区遥感监测结果

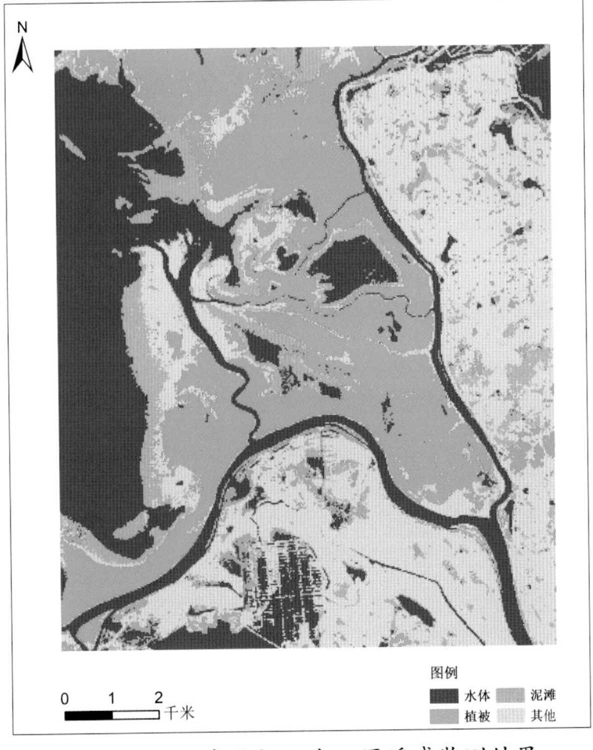

图 5.40　2008 年饶河入湖口区遥感监测结果

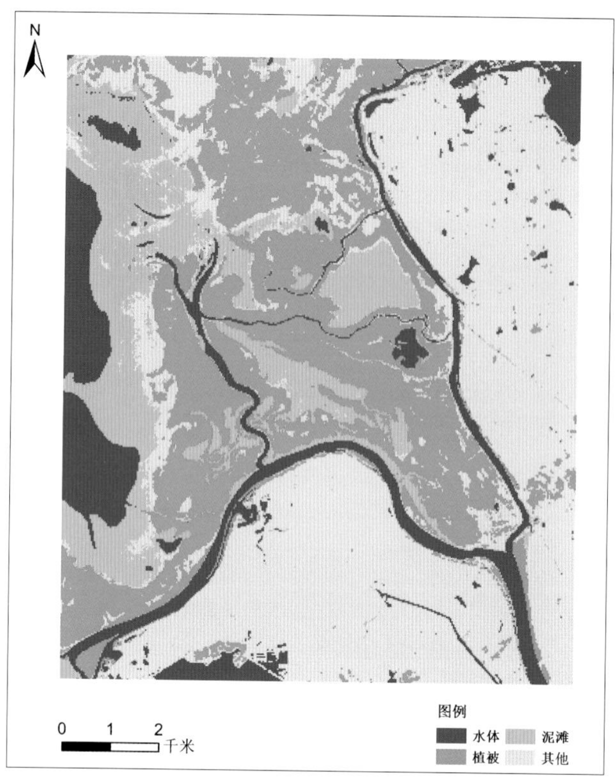

图 5.41 2013 年饶河入湖口区遥感监测结果

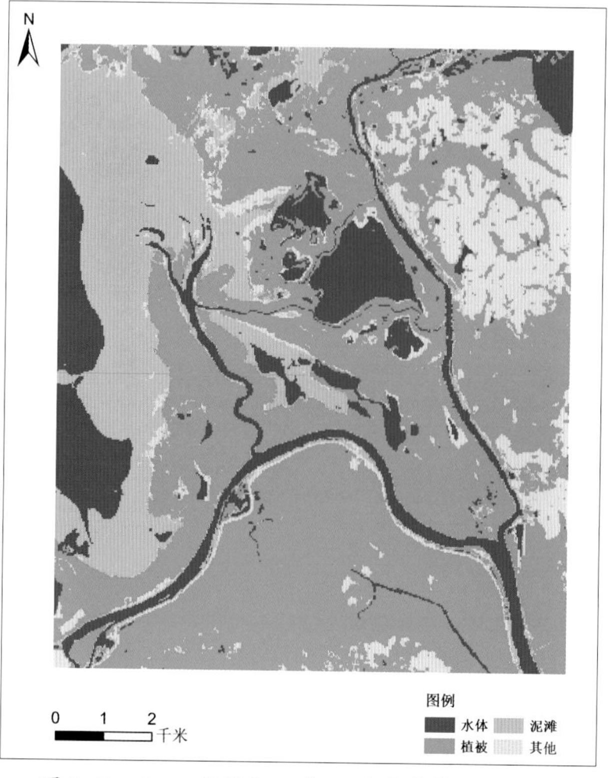

图 5.42 2018 年饶河入湖口区遥感监测结果

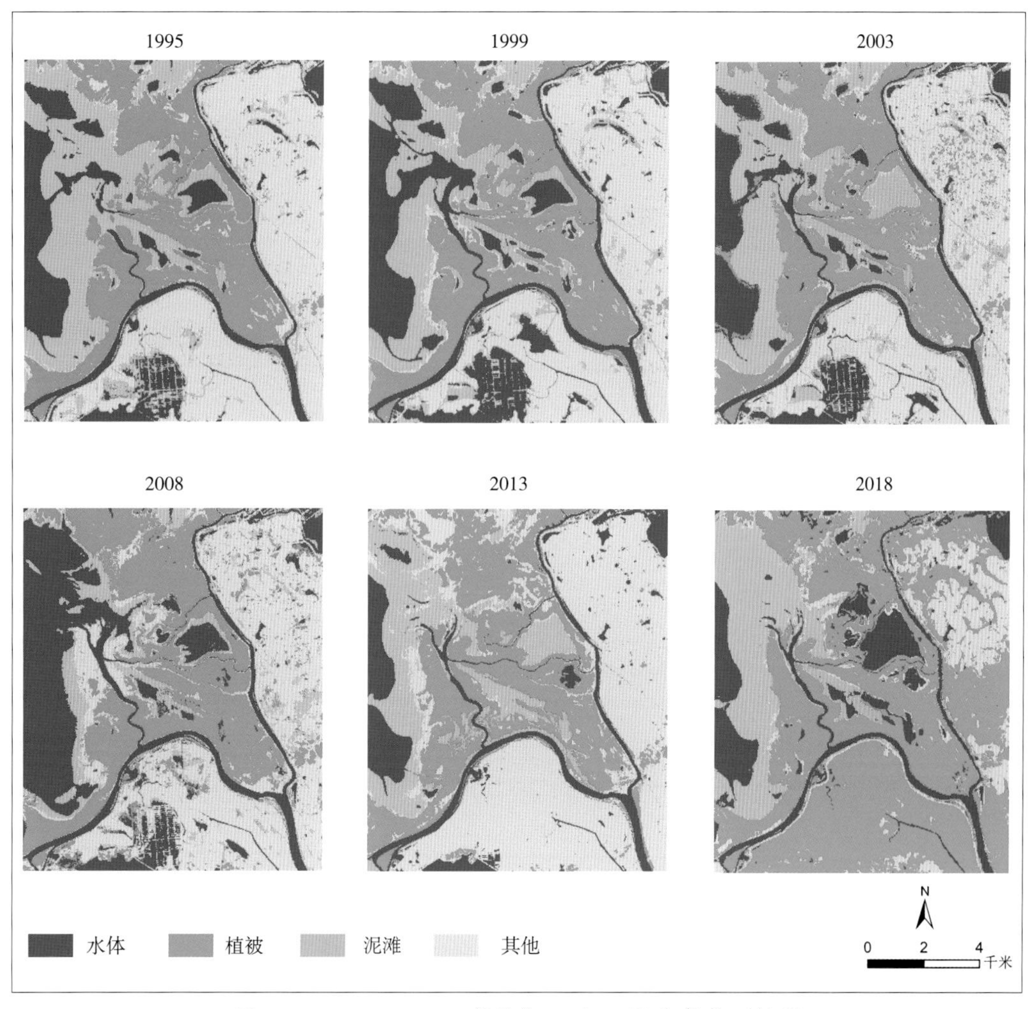

图 5.43　1995—2018 年饶河入湖口区遥感监测结果

第六章

江湖交汇区空间范围与演变

大江大湖的交汇处由于受到不同水体的扰动，其土地覆被受到江湖作用的共同影响。鄱阳湖位于长江中下游，接受五河来水，由北注入长江。长江和鄱阳湖分别是我国第一大河和第一大淡水湖泊，它们的交汇处主要由官洲、沙洲和梅家洲三个洲滩湿地组成（28° 41'6"~ 29° 47'34"N，116° 6'43"~ 116° 15'14"E）（图 6.1）。江湖交汇处洲滩植被的带状分布格局以及季节性的淹没和出露过程与鄱阳湖湿地一致。狗牙根茵陈蒿群落、芦苇南荻群落、蒿蒿群落、苔草虉草群落沿着海拔从高到低呈现条带状分布格局。交汇处洲滩在枯水期出露，埋藏在土壤中的种子库萌发，丰水期被淹没，呈现一片汪洋的景象。

江湖之间水沙的频繁交换是江湖作用的重要特征。在平水年 2010 年，有 2.17×10^{11} m^3 的水和 1.53×10^7t 泥沙由鄱阳湖注入长江，由于长江的倒灌作用，有 1.06×10^{10} m^3 的水和 1.89×10^6t 泥沙由长江注入鄱阳湖。而由于近年来鄱阳湖水文节律的变化，这样的水沙交换关系也发生了变化。长江和鄱阳湖交汇处由于地理位置的特殊性，更容易受到水沙变化的影响，其生态要素——土壤、水和植被相比主湖区对环境变化的响应更为剧烈。此外，江湖交汇处的洲滩变迁也可能会引起鄱阳湖主湖水位的异常变化。横亘于江湖交汇处的梅家洲曾在明清时期向东扩张，阻拦了鄱阳湖出水，因此鄱阳湖水位被迫抬高，湖区面积扩大，导致鄱阳湖流域发生了损失惨重的特大洪灾。因此，加强对江湖交汇处的动态监测对流域治理保护有重要的作用。

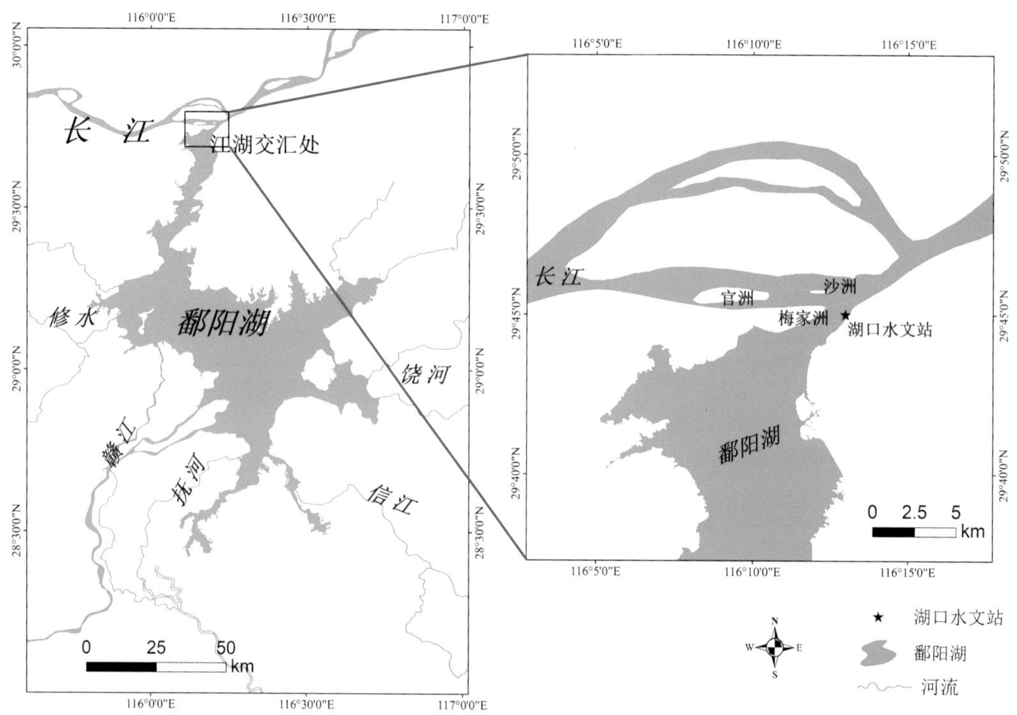

图 6.1 长江与鄱阳湖交汇处研究区地理位置

由于水位波动强烈，不同季节存在很强的差异，为了尽可能保证水位的一致性和研究区物候以及大气条件的一致性，采用的数据均为 10—12 月份枯水期影像。本研究共收集了 1987—2018 年共 29 期遥感数据（1997 年、2011 年和 2012 年遥感影像缺失），对这 29 期数据进行遥感解译并制图。研究区所有地物被分为水域、植被、泥滩、其他等四种类型。其他区域主要为农田。为了避免农田和洲滩植被之间产生误分，本研究首先利用目视解译提取农田的分布（农田在过去三十年分布的空间范围基本没有发生变化），然后利用随机森林分类器将地物类型进一步划分为植被、泥滩和水域，分类结果如图 6.2～6.8 所示。

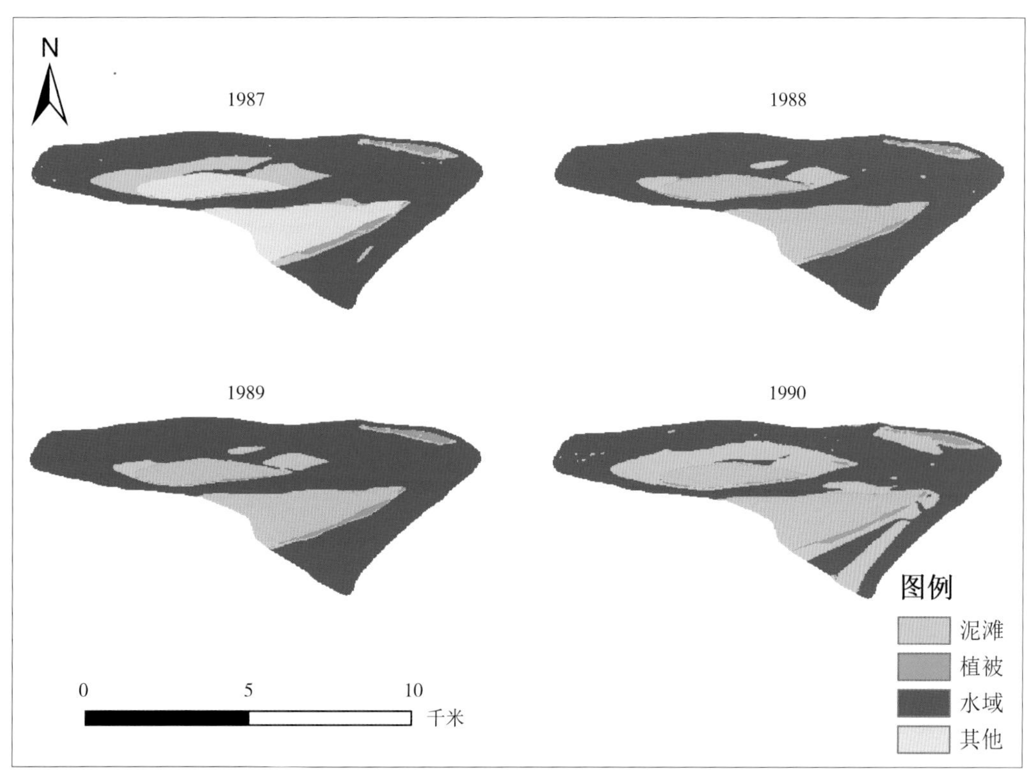

图 6.2　1987—1990 年江湖交汇区遥感监测结果

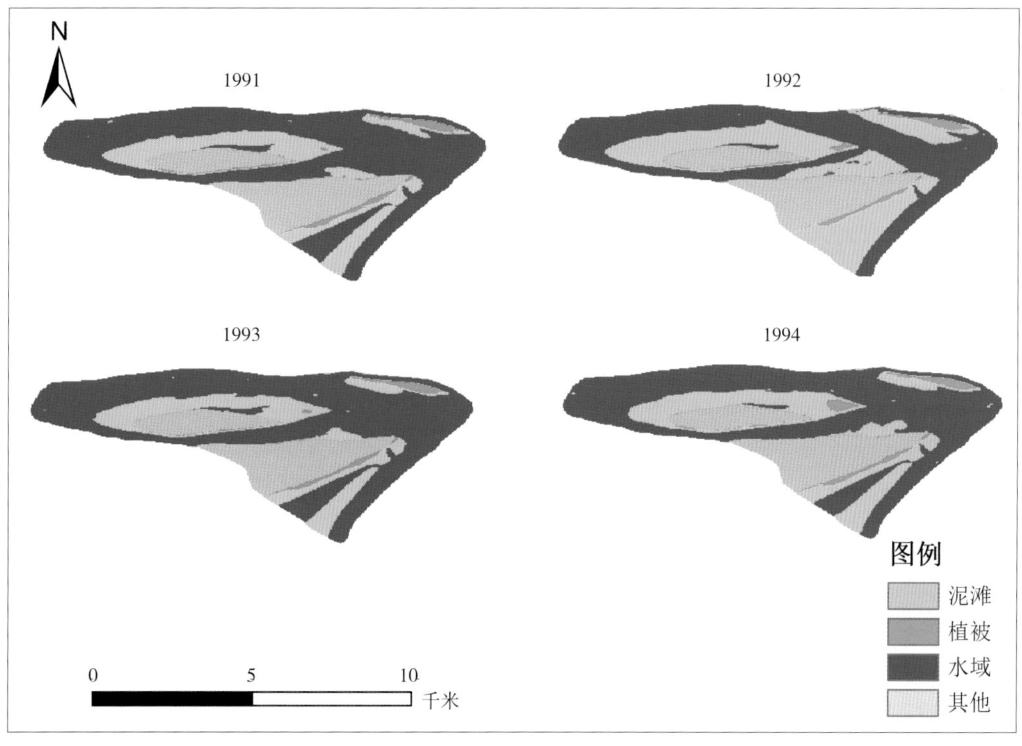

图 6.3　1991—1994 年江湖交汇区遥感监测结果

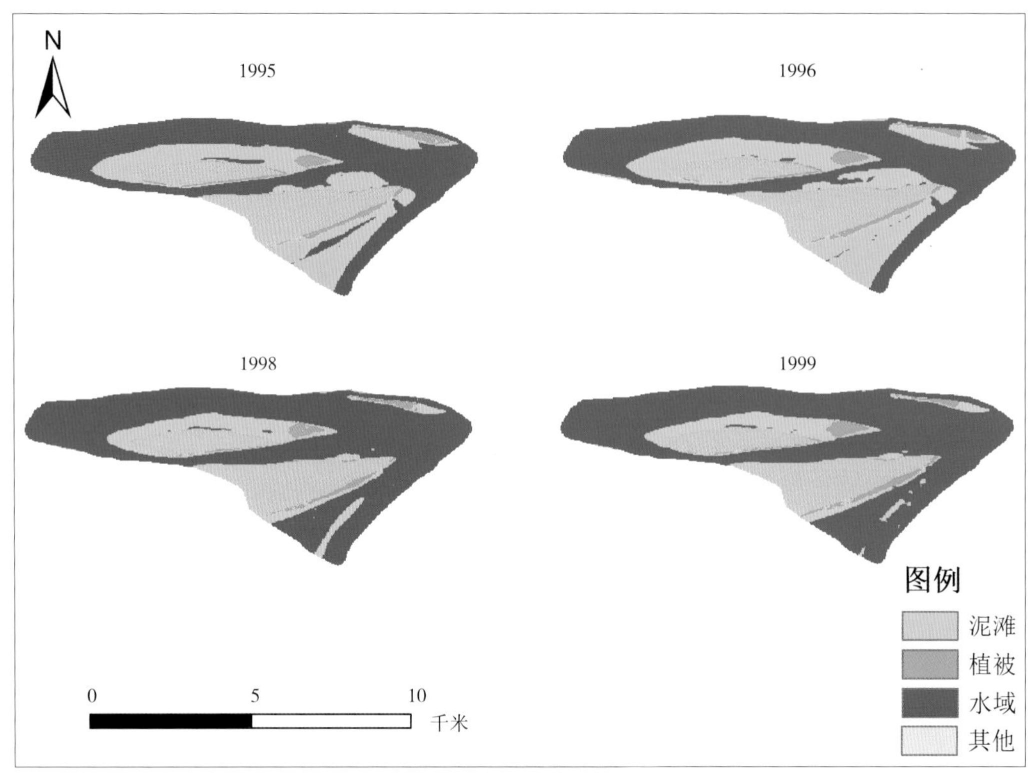

图 6.4　1995—1999 年江湖交汇区遥感监测结果

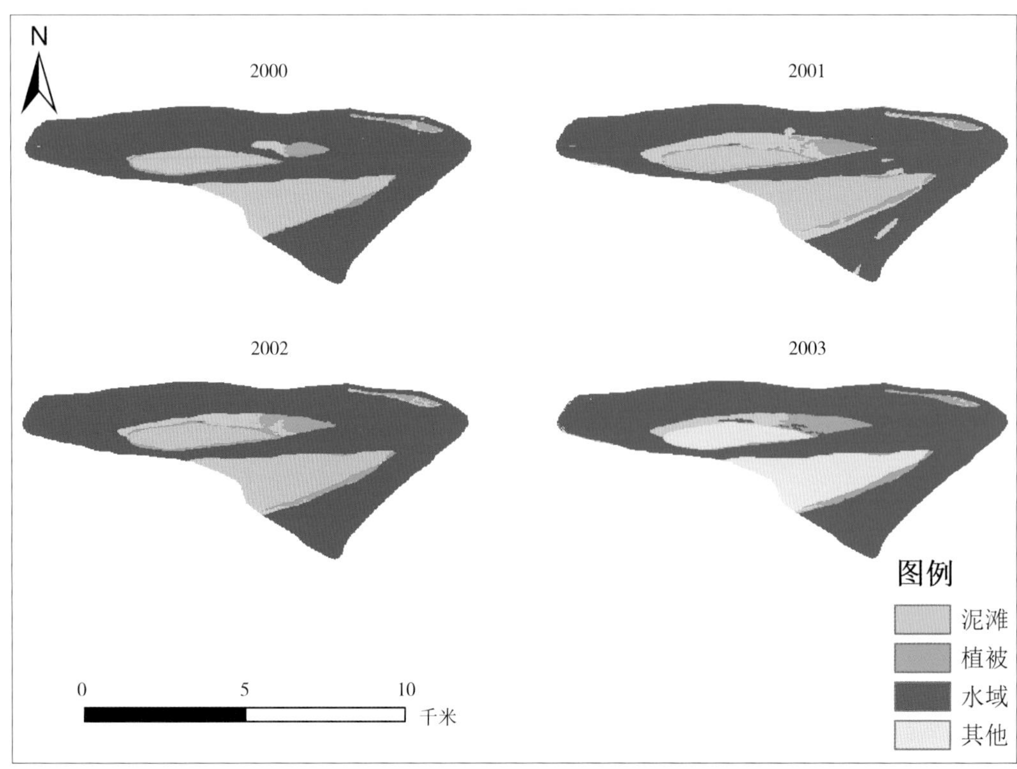

图 6.5　2000—2003 年江湖交汇区遥感监测结果

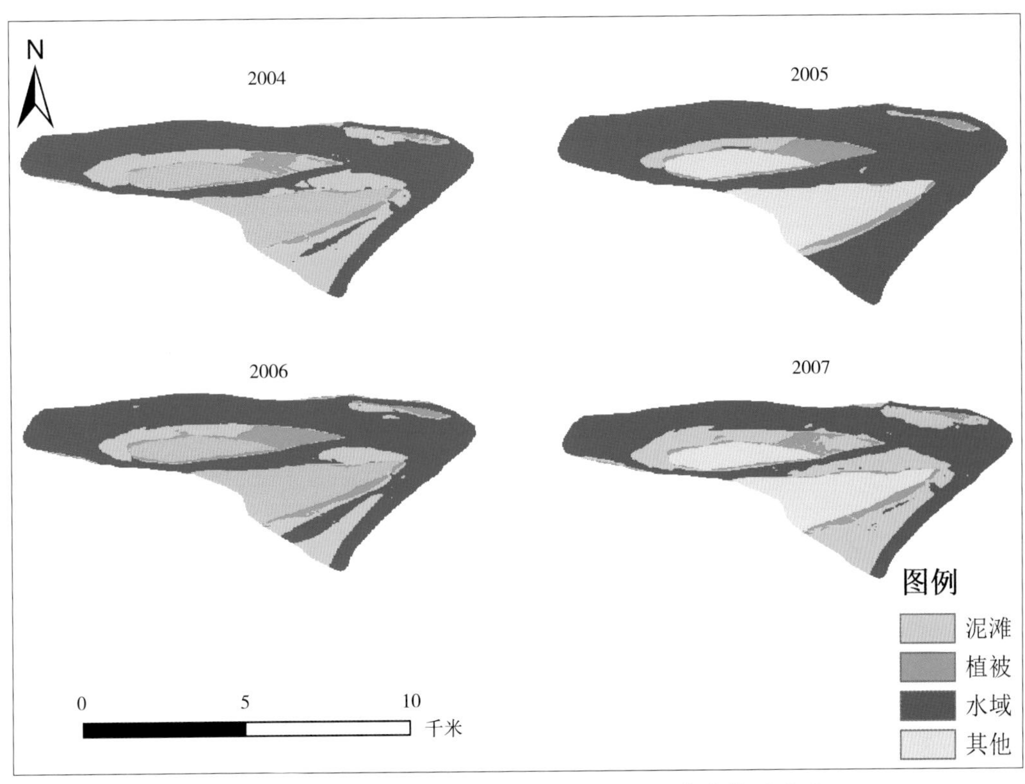

图 6.6 2004—2007 年江湖交汇区遥感监测结果

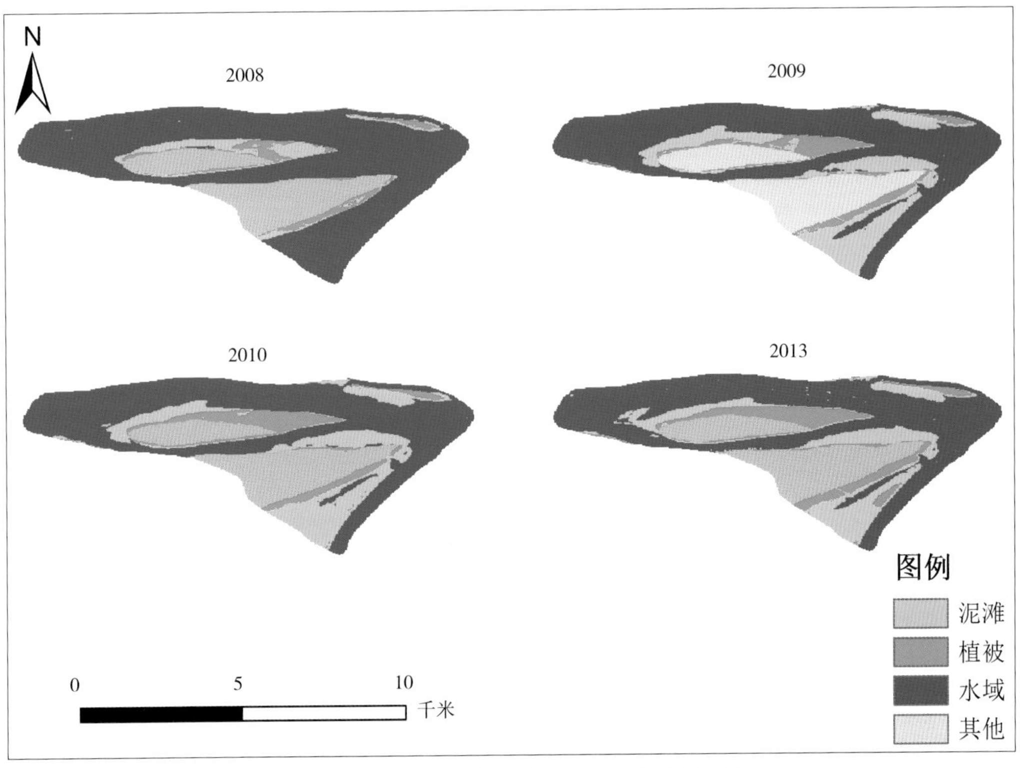

图 6.7 2008—2013 年江湖交汇区遥感监测结果

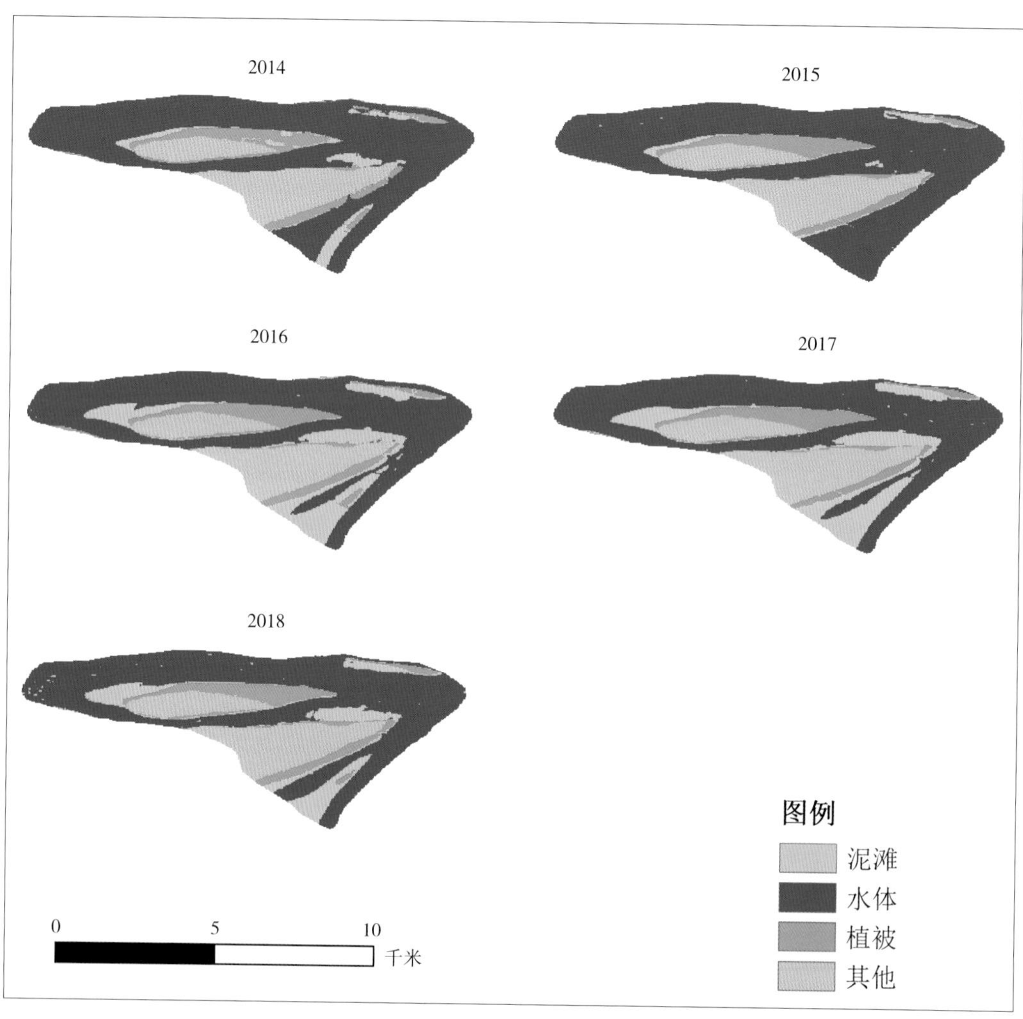

图 6.8　2014—2018 年江湖交汇区遥感监测结果

三十年来，江湖交汇区植被面积显著上升（图 6.9）。相比与 1987 年的 0.68km^2，交汇处 2018 年的植被面积达到了 3.01 km^2，增加了 344%。植被面积占陆域面积的比例也有显著的增加。2015 年植被面积占比最高，达到了 0.72，1990 年植被面积占比最低，仅有 0.09。本书对鄱阳湖和对赣江主支口和南支口的分析也发现了植被面积的增加，其中，相比于 1987 年（897.58 km^2），鄱阳湖 2018 年植被面积增加了 43%。赣江主支口和南支口虽然在 21 世纪初增加十分显著，但近年来呈现下降的趋势。尤其是南支口洲滩 2009 年后出现的封闭洼地，植被面积下降显著。2017 年主支口洲滩植被面积（10.43 km^2）相比于 1987 年（6.11 km^2）增加了 71%。相比于鄱阳湖洲滩湿地，江湖交汇处洲滩植被面积增加得更显著。

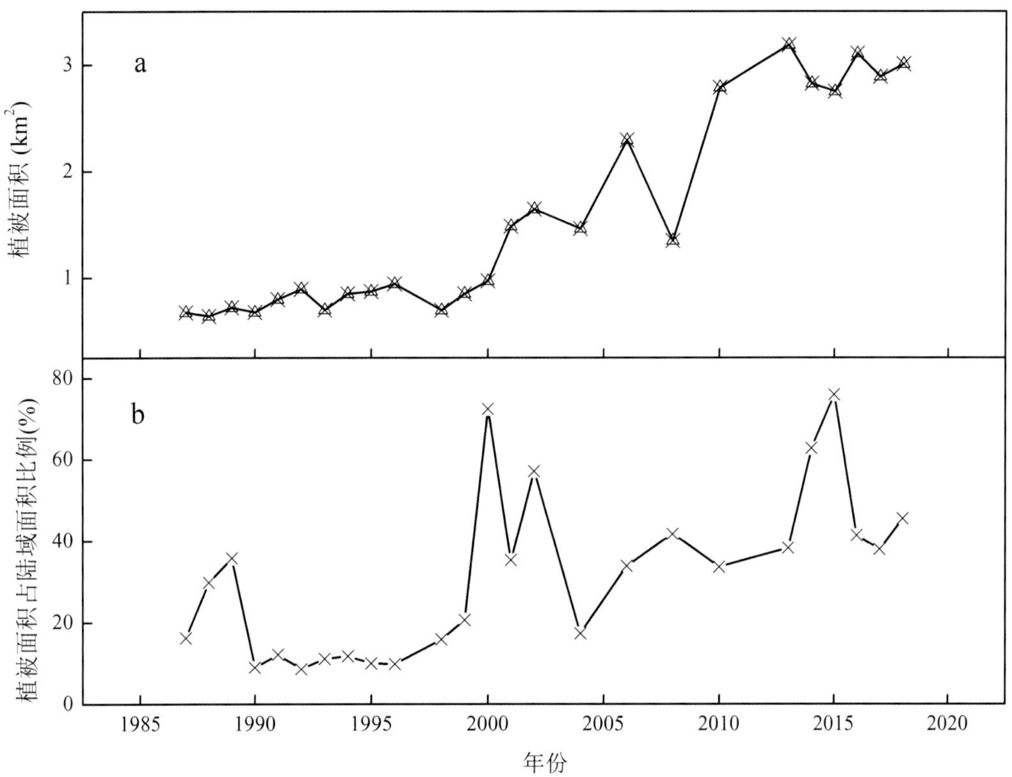

图 6.9　1987—2018 年长江和鄱阳湖交汇处植被覆盖变化趋势

1994—2018 年江湖交汇处土地利用类型转移图（图 6.10）是由 1994 年和 2018 年两期的遥感解译结果叠加分析得到，遥感影像拍摄当天水位差小于 0.3 m。从图中可以看出，官洲的土地覆被变化最显著。相比于 1994 年，2018 年官洲 43%（1.012 km^2）的泥滩和 2%（0.127 km^2）的水域转变为植被，而植被向其他景观类型的转变则没有发生，植被面积由 1994 年的 0.186 km^2，增长到 2018 年的 1.325 km^2。在梅家洲，21%（0.383 km^2）的泥滩和 1%（0.053 km^2）的水域转变为植被，较少面积（0.002 km^2）的植被转变为了水域和泥滩。梅家洲的植被由 1994 年的 0.359 km^2 增长到 2018 年的 0.793 km^2，增长了 121%。沙洲面积很小，其土地覆盖变化也不显著，仅有 8%（0.041 km^2）的泥滩和 2% 的水域（0.051 km^2）转化为植被，此外，73%（0.171 km^2）的植被转化为水域和泥滩。总体来说，相比于 1994 年，2018 年交汇处洲滩植被面积显著增加，一共有 1.667 km^2 的泥滩和水域转变为植被，而仅有 0.173 km^2 的植被转变为植被或水域。

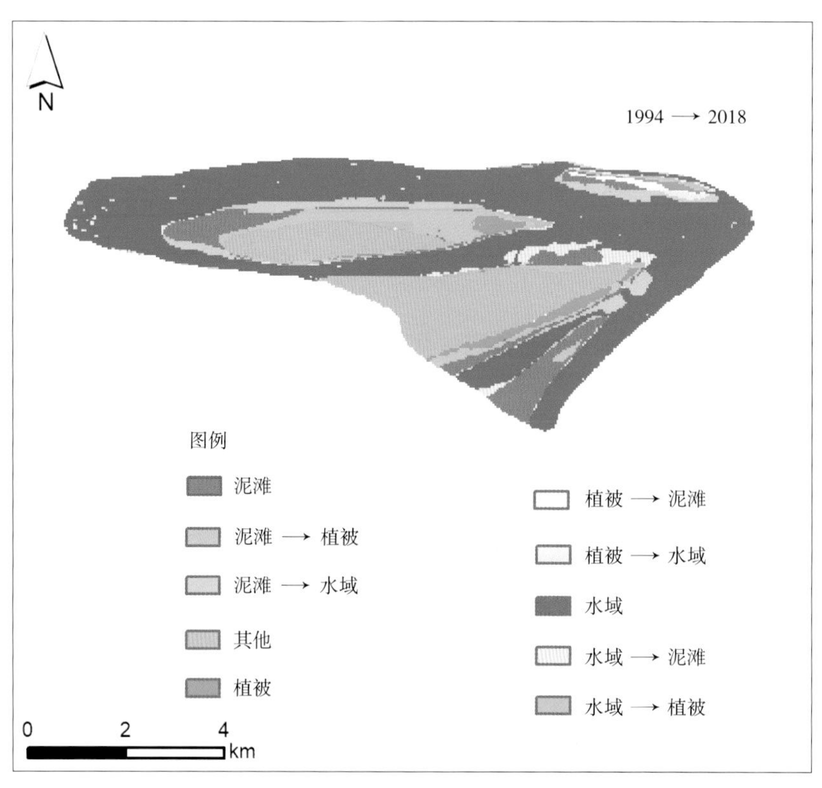

图 6.10 1994—2018 年江湖交汇处土地利用类型转移图

第七章

鄱阳湖采砂区空间范围与演变

第一节 采砂船数量时空分布特征

2000 年，中央要求迅速坚决地整治长江河道采砂秩序。2001 年年初，湖北、江西、安徽、江苏四省先后颁布“长江河道禁采令”，大量采砂船转移到鄱阳湖采砂。

2000 年鄱阳湖采砂船仅有 11 艘，而 2002 年采砂船数量迅速增长至 508 艘，绝大部分集中于松门山以北的入江水道。至 2006 年采砂船数量大幅增长，增至 571 艘，达历史最高值（图 7.2）。

图 7.1 鄱阳湖区采砂船谷歌地球（Google Earth）影像

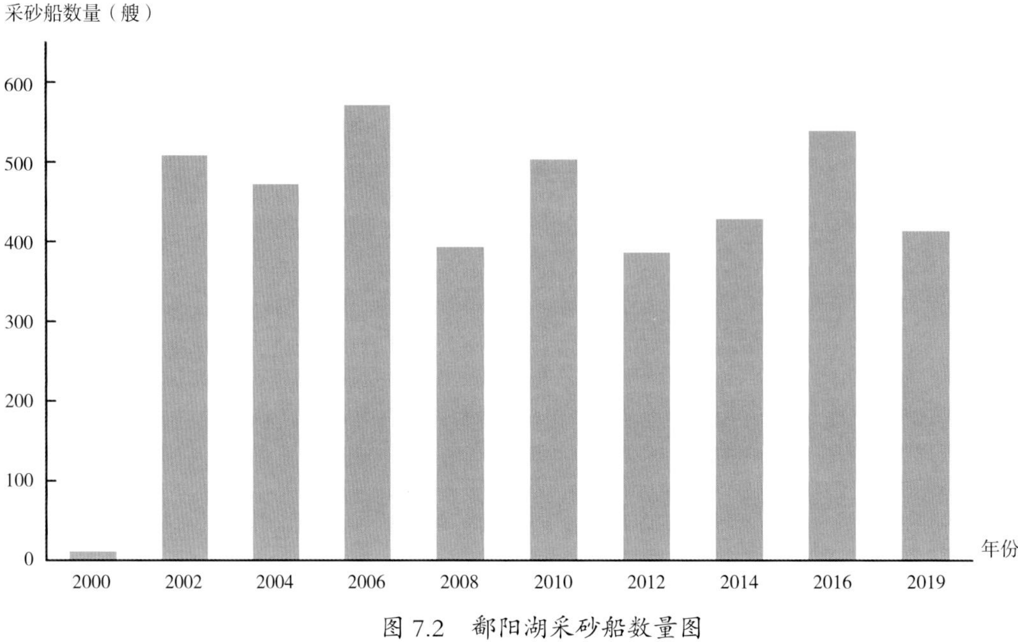

图 7.2　鄱阳湖采砂船数量图

2008 年之前采砂船主要集中于松门山以北区域，至 2010 年采砂船分布范围逐渐扩展至鄱阳湖中部以及南部（图 7.3~7.4），并且在采砂行业高利润驱动下，非法采砂行为较为普遍，采砂船数量增长至 503 艘。2017 年 1 月 1 日起，《江西省河道采砂管理条例》正式实施，该条例结合江西省实际，围绕采砂规划、采砂许可、监督管理、法律责任等方面做了规范，部门职责更清，管理环节更细，监管措施更实，震慑力度更大，具有较强的针对性和可操作性，为遏制河道乱挖滥采现象提供有力保障。在一系列政府措施管控下，鄱阳湖采砂行为逐渐规范，采砂船数量渐趋稳定。

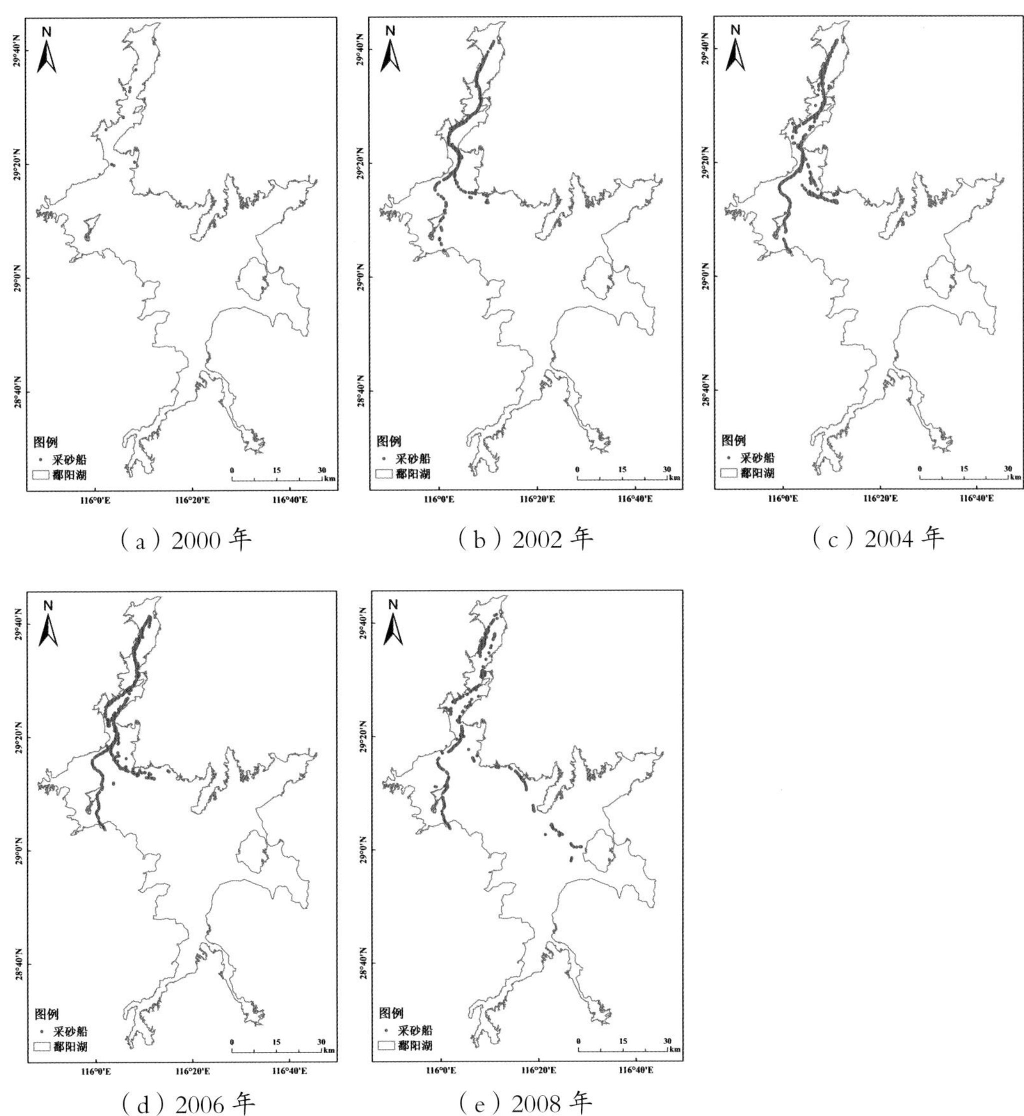

（a）2000 年　（b）2002 年　（c）2004 年

（d）2006 年　（e）2008 年

图 7.3　2000—2008 年鄱阳湖采砂船分布图

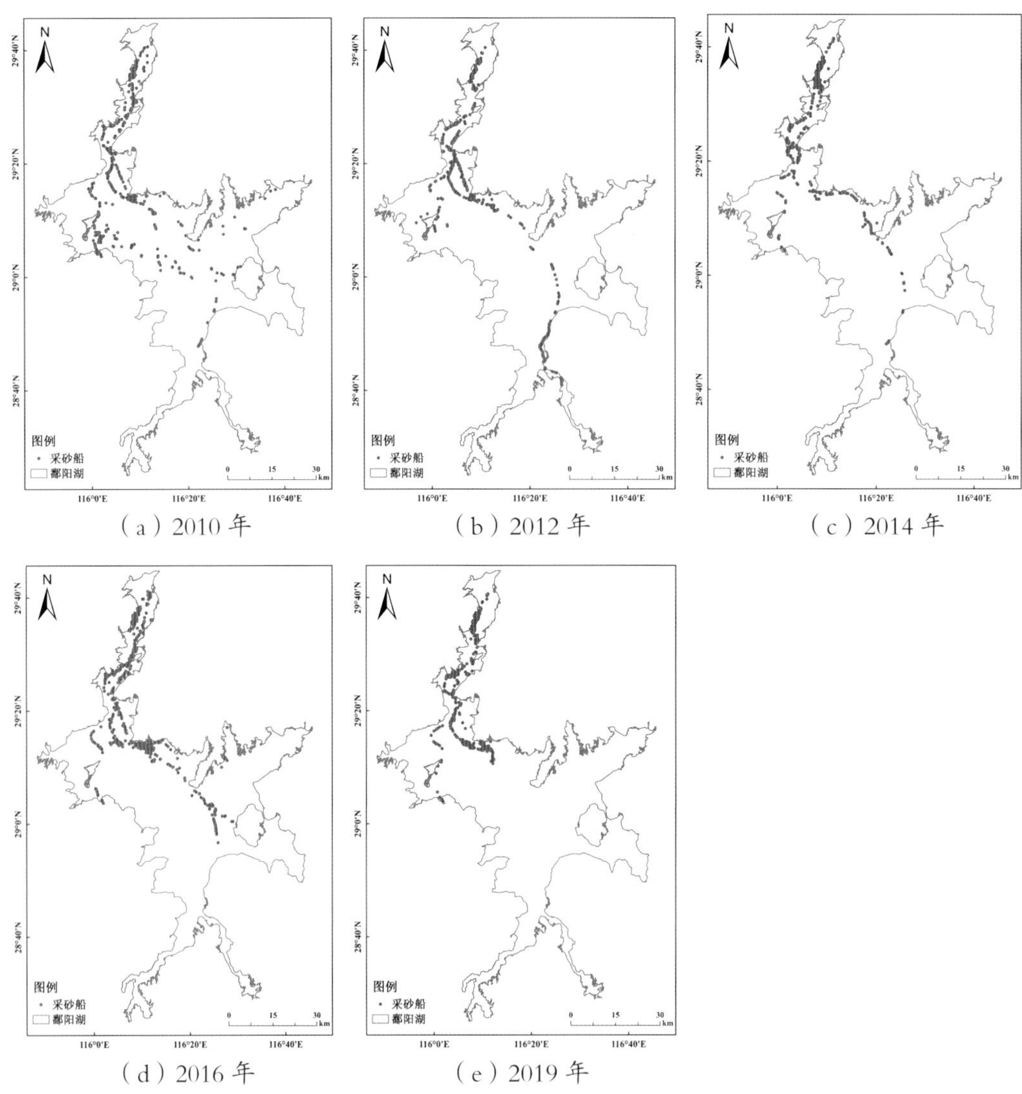

（a）2010 年　（b）2012 年　（c）2014 年

（d）2016 年　（e）2019 年

图 7.4　2010—2019 年鄱阳湖采砂船分布图

第二节　采砂区时空变化特征

2006 年之前采砂区主要分布于松门山以北的入江水道，2002 年采砂总面积约为 27.62 km^2，吴城镇以南的赣江河道以及松门山北部仅有零星小型采砂活动，大型采砂区多呈条带状分布于鄱阳湖北部。到 2004 年面积增长约 1 倍，为 55.36 km^2，达历史最高值，鄱阳湖北部采砂区不断扩大，其分布也趋于分散，松门山北部以及赣江河道采砂区明显扩大，至 2006 年这一趋势更为明显，但采砂总面积变化不大，约为 52.00 km²。由于 2006 年和 2008 年采砂规划的颁布，政府监管力度加大，所以到 2008 年，面积减少至 30.31 km²，仅在鄱阳湖北部零星分布几个大型采砂区，此时采砂活动范围已呈现南移趋势，作业范围扩展至胡家港。2010 年采砂活动已南下扩展至康山河，总体上向中部以及南部扩展，赣江以东康山河以西区域采砂区扩展最为明显，但新增采砂区基本为小型采砂区，零星分布，并无大型采砂区，北部采砂区也由于受到政府监管，大部分为小型采砂区。2012 年南移趋势依旧明显，此时已扩展至信江尾闾区，总面积约为 50.23 km²，但相较于 2010 年，2012 年采砂区分布较为集中，大致沿松门山北部—胡家港—康山河一线扩展，康山河采砂区扩大较为明显。2014 年之后由于采砂规划的修编完成以及河道砂石开采国有企业统一经营模式的推广，采砂区分布呈现出北上趋势，南部原有采砂区逐渐减少，北部采砂区不断扩大，并且分布基本趋于稳定，采砂总面积维持在 40~50 km²，并且其中大型采砂区基本保持不变，小型采砂区的不断减少反映了非法采砂活动被逐渐取缔（图 7.5~7.15）。

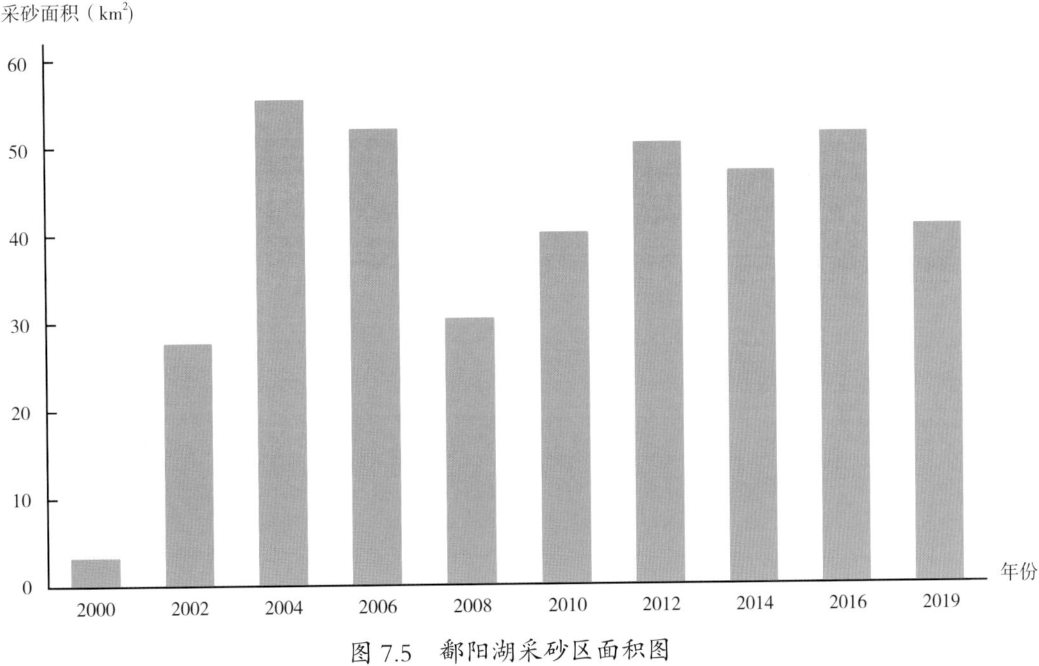

图 7.5　鄱阳湖采砂区面积图

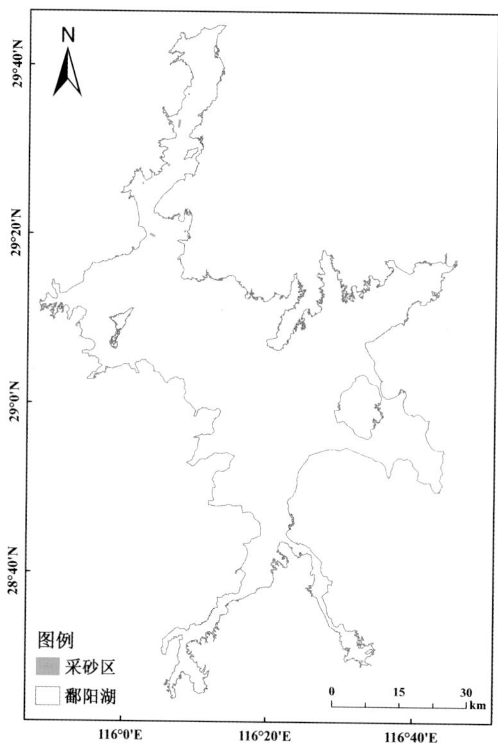

图 7.6 2000 年鄱阳湖采砂区分布图

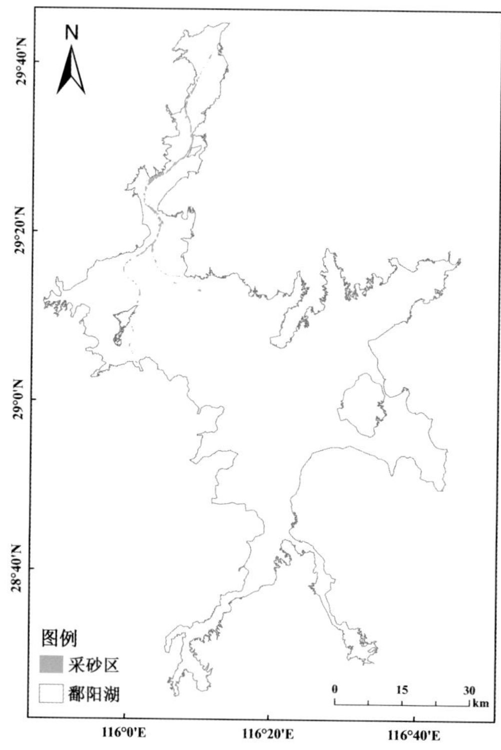

图 7.7 2002 年鄱阳湖采砂区分布图

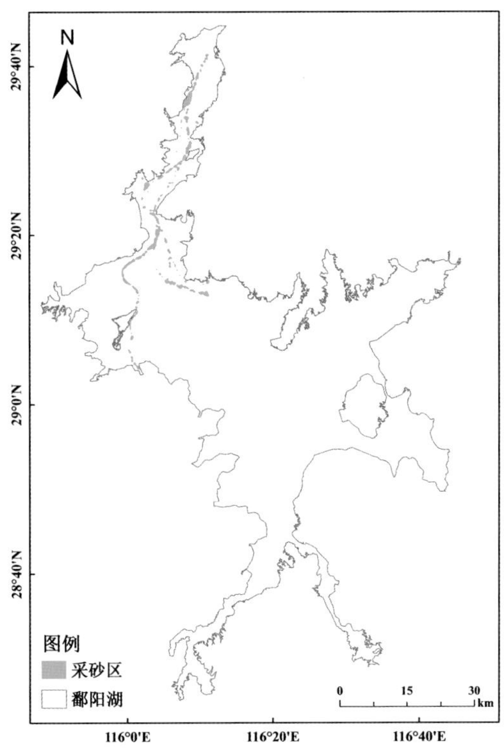

图 7.8　2004 年鄱阳湖采砂区分布图

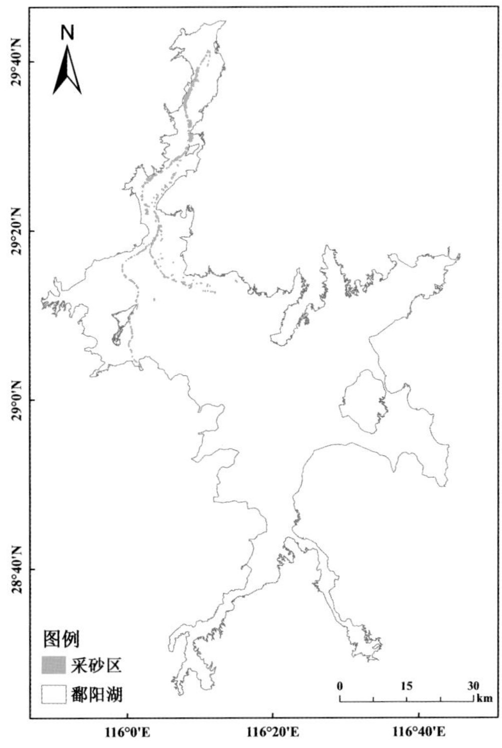

图 7.9　2006 年鄱阳湖采砂区分布图

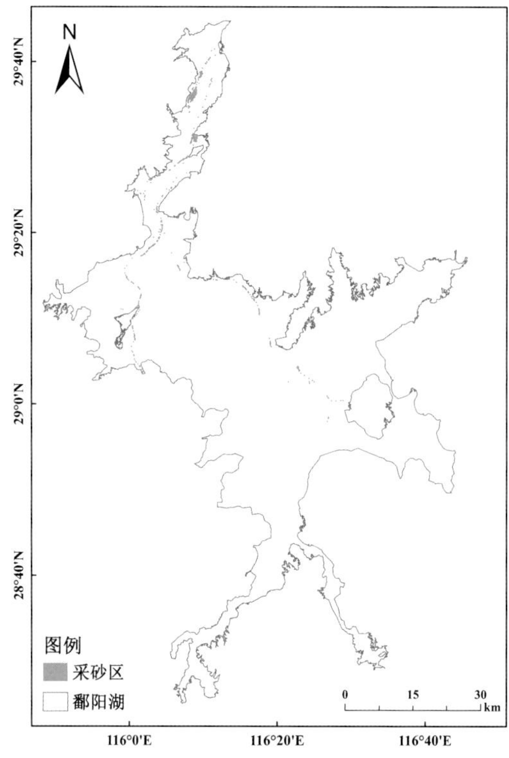

图 7.10　2008 年鄱阳湖采砂区分布图

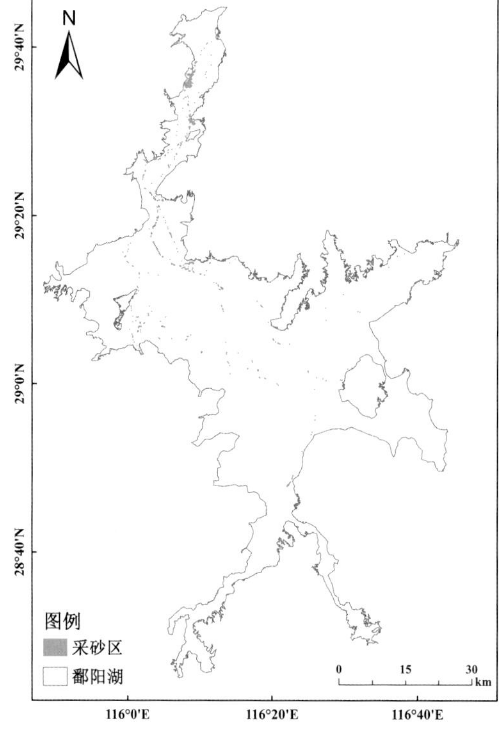

图 7.11　2010 年鄱阳湖采砂区分布图

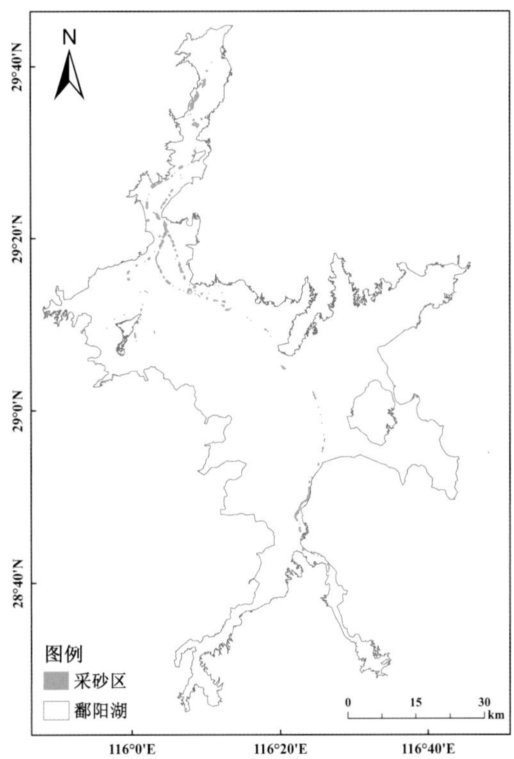

图 7.12　2012 年鄱阳湖采砂区分布图

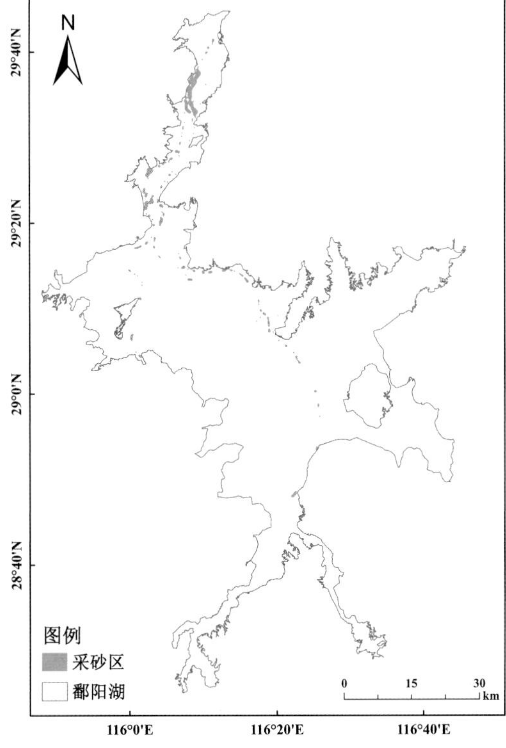

图 7.13　2014 年鄱阳湖采砂区分布图

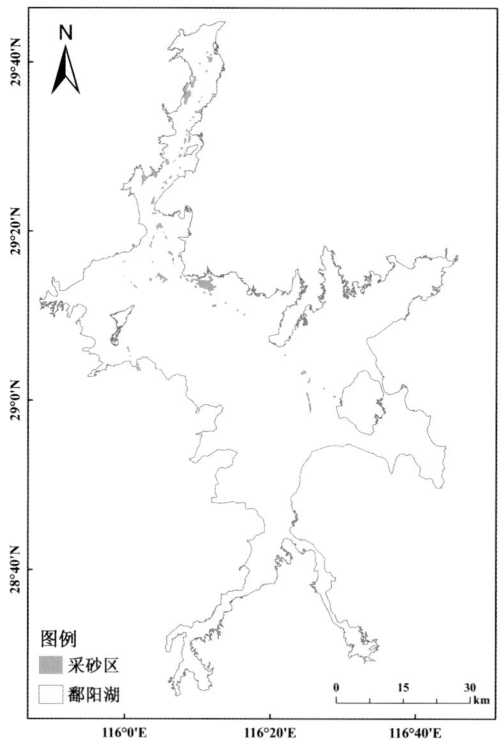

图 7.14 2016 年鄱阳湖采砂区分布图

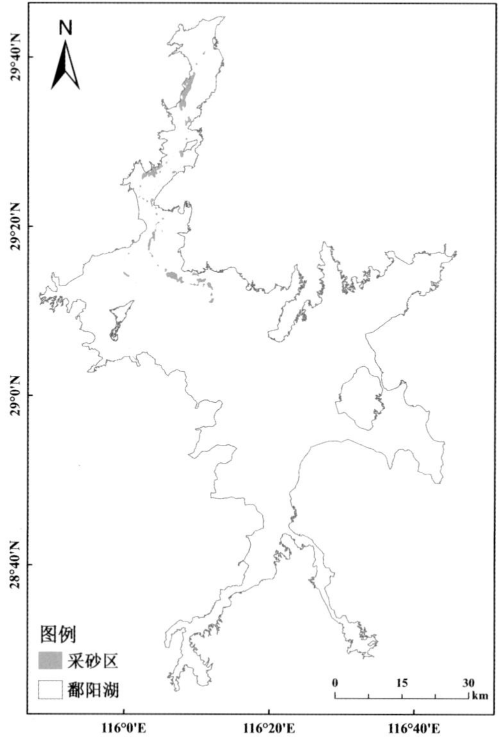

图 7.15 2019 年鄱阳湖采砂区分布图

结语

鄱阳湖区总面积 $2.02\times10^4 km^2$，占江西省总面积的 12.1%，是鄱阳湖流域水生态保护的重点区域和敏感区域，环湖区域人类活动与土地利用变化直接影响着湖泊湿地生态系统的结构与功能，近三十余年来，伴随着鄱阳湖区社会经济和城镇化的快速发展，该区域生态空间发生了显著变化。

鄱阳湖区土地利用结构变化显著，总体变化特征为建设用地和林地面积增加，草地、水域减少。一方面，建设用地面积占比从 1% 持续增长至 10%，水域从 19% 减少至 12%，草地面积占比由 28% 减少至 11%，耕地总体稳定在 40%；另一方面，得益于江西植树造林工作的持续开展，林地从 15% 增加至 27%。从鄱阳湖滨岸缓冲带来看，亦表现出类似变化趋势，建设用地占比从 2% 增加至 12%，耕地占比自 1993 年以来从 67% 降至 53%，草地面积占比从 34% 降至 11%，林地占比从 3% 增加至 11%。环湖围垦水体面积总体较为稳定，环湖围垦水体面积主要利用方式为水产养殖，介于 98 927~122 414 hm^2，主要分布在进贤县、鄱阳县、余干县、都昌县，占比总和达到 71.8%。受水文情势变化和人类活动影响，五河尾闾和长江—鄱阳湖交汇区地形地貌格局发生了显著变化，尤以江湖交汇区更为明显。与 1987 年的 0.68 km^2

相比，交汇区 2018 年植被面积达到了 3.01 km²，增加了 344%。鄱阳湖采砂主要受政策影响，2000 年以来采砂区分布呈现出先向南扩张后向北收缩的趋势，2004 年面积达历史最高值，为 55.36 km²。现阶段采砂区面积总体维持在 40~50 km²，主要分布在鄱阳湖北部入江水道两侧。

伴随着鄱阳湖生态空间的演变，近三十年来鄱阳湖水环境水生态亦发生着显著变化。20 世纪 80 年代，鄱阳湖水质以Ⅰ～Ⅱ类水为主，Ⅰ～Ⅱ类水面积占比平均为 85%，Ⅲ类水面积比例平均为 14.9%。20 世纪 90 年代至 2002 年，水质仍以Ⅰ～Ⅱ类水为主，占比为 70%，Ⅲ类水平均比例为 29.9%。2003—2007 年，全年水质Ⅰ、Ⅱ类水平均为 47.3%，Ⅲ类水平均为 27.3%。至 2019 年，水质优Ⅲ比例为 5.9%，水质轻度污染，其中Ⅲ类比例为 5.9%、Ⅳ类比例为 88.2%、Ⅴ类比例为 5.9%，全年水质总体为Ⅳ类，主要污染物是总磷。水体营养状态从中营养上升至轻度富营养。相应地，鄱阳湖浮游植物多样性降低，蓝藻密度和生物量显著增加，夏季大水面时期水华蓝藻在多个湖区有分布。与 20 世纪 90 年代相比，底栖动物优势种发生了较大变化，20 世纪 90 年代底栖动物优势种种类较多，且包括较多的大型软体动物蚌类，现阶段底栖动物优势种明显减少，且部分耐污种（如苏氏尾鳃蚓、霍甫水丝蚓）亦在部分水域成为优势种。底栖动物的总密度和生物量呈现降低的趋势，但这种趋势在不同生物类群间差异显著。其中软体动物降低趋势最为明显，从 1992 年 578 个 /m² 降低至 2019 年的 158 个 /m²。鱼类方面，鄱阳湖鱼类历史记录时期种数为 134 种，当前鱼类物种数 100 种，湖泊定居型鱼类主居于绝对优势地位，占比 79.2%，江湖洄游性鱼类次之，占比 14.7%，河流型鱼类占比 6.1%。渔业资源量逐年下降，四大家鱼资源量在 1959 年占 10% ～ 15%，但目前只有 7.0% 左右，渔业资源呈现出低龄化、小型化趋势。

鄱阳湖湖泊湿地生态系统变化的影响因素复杂，既受到湖区采砂、捕捞、养殖、航运等多种人类活动的影响，同时也受到流域气候与水文情势变化、工农业生产、污染物排放等流域要素的影响，但环湖区的变化直接关系到鄱阳湖生态环境的变化。探讨环湖区生态空间演变及与鄱阳湖关键生态系统要素的关系，对鄱阳湖生态环境保护具有重要意义。本书简要对土地利用、滨岸缓冲带、围垦水体、五河尾闾、江湖交汇区、湖区采砂等关键空间要素的演变特征做了系统分析。事实上，水位波动、渔业捕捞、环湖区产业结构、污染物输入通量等因素在很大程度上影响着鄱阳湖生态状况。在未来的工作中，应系统考虑环湖区与湖体之间的关系，通过数据整合、定位观测、模型模拟等方法解析两者的关系，以期为鄱阳湖流域环境综合管理与保护提供科学支撑。